中东减碳及可再生能源技术市场动态与展望

何祖清　编著

中国石化出版社
·北京·

图书在版编目(CIP)数据

中东减碳及可再生能源技术市场动态与展望／何祖
清编著.—北京:中国石化出版社,2024.5
ISBN 978-7-5114-7540-4

Ⅰ.①中… Ⅱ.①何… Ⅲ.①节能-技术市场-研究
-中东②再生能源-技术市场-研究-中东 Ⅳ.
①TK01②F437.062

中国国家版本馆 CIP 数据核字(2024)第 101756 号

中国石化出版社出版发行

地址:北京市东城区安定门外大街 58 号
邮编:100011 电话:(010)57512500
发行部电话:(010)57512575
http://www.sinopec-press.com
E-mail:press@sinopec.com
北京艾普海德印刷有限公司印刷
全国各地新华书店经销

*

710×1000 毫米 16 开本 9 印张 146 千字
2024 年 5 月第 1 版 2024 年 5 月第 1 次印刷
定价:58.00 元

PREFACE 前言

　　全球应对气候变化背景下，能源结构向绿色低碳的方向转型已成为普遍共识。随着全球经济绿色转型的发展大势，中东地区各国尤其是油气生产大国国家发展战略中，都将发展既可以逐步取代油气资源、又符合发展潮流的可再生能源作为经济多元化转型、应对气候危机的重要依靠，因此给予了高度重视和政策倾斜，促使最近几年来该地区在低碳和可再生能源技术迅速发展，市场炙手可热。该地区各国可再生能源行业的新变革和新机遇正不断涌现，他们在宣布碳达峰、碳中和目标的同时，承诺将加强绿色国际合作，共享绿色发展成果。尤其是油气生产大国在制定国家发展战略时，都将发展可再生能源作为经济多元化转型、应对气候危机的重要手段。中东高度重视低碳与可再生能源技术发展并给予了政策倾斜，促使最近几年来该地区低碳与可再生能源技术市场迅速发展。

　　本书总结了中东地区在二氧化碳捕集与封存，太阳能、风能、氢能、地热能等可再生能源以及储能方面的技术现状和市场动态，梳理了中国石化在这些方面的技术进展。中东地区低碳与可再生能源技术需求巨大，但中东本地自主研发的低碳与可再生能源领域技术和产品较少，市场上大多数技术和产品都来自其他国家的供应商，这给中国石化具有优势的低碳与可再生能源技术和产品带来较大市场拓展空间。在此基础上，分析了中国石化减碳及可再生能源技术在中东地区的应用前景、机遇与挑战，同时提出了相关建议供参考。

　　本书共分4章20节，主要读者对象涵盖政府部门工作人员、能源行业及经济从业者。本书第1章全球与中东地区减碳及可再生能源市场动态；第2章中东地区减碳及可再生能源技术发展动态；第3章中国石化减碳及可再生能源技术发展动态；第4章中国石化减碳及可再生能源技术在中东地区应用展望。在编写过程中分别得到了中国石化中东研发中心与中国石化石油工程技术研究院王治法、孙文俊、刘想平、何江等同志的大力支持与帮助，在此深表感谢！

　　由于水平有限，纰漏在所难免，恳请批评指正！

CONTENTS 目录

I

3　中国石化减碳及可再生能源技术发展动态

Ⅲ

1 全球与中东地区减碳及可再生能源市场动态

1.1 全球与中东地区减碳及可再生能源市场概述

1.1.1 CCUS 产业发展现状

2015 年全球近 200 个国家通过《巴黎协定》，为应对气候变化，明确减少温室气体排放，20 世纪内控制温升在工业化前水平 2℃ 以内，并力争 1.5℃ 的气候共识，全球在 20 世纪中叶前后实现温室气体净零排放。按照当前发展趋势，20 世纪中叶将难以达成净零目标，零碳转型亟须加速。纵览世界各经济体当前的气候行动，可再生能源规模化部署、工业制造减排升级、交通运输业绿色转型和负碳技术开发利用成为零碳发展的重点领域。

1.1.1.1 全球碳减排量

碳捕集、利用与封存（Carbon Capture, Utilization and Storage，简称 CCUS）指将二氧化碳从能源利用、工业生产等排放源或空气中捕集分离，并输送到适宜的场地加以利用或封存，最终实现二氧化碳减排（图 1.1）。

为应对日益严峻的全球气候变化形势，《巴黎协定》提出将全球平均气温较前工业化时期的上升幅度控制在 2℃ 以内，并努力限制在 1.5℃ 以内。联合国政府间气候变化专门委员会（IPCC）在《IPCC 全球升温 1.5℃ 特别报告》中指出，2030 年不同路径 CCUS 的减排量为 $(1\sim4)\times10^8 t/a$，2050 年不同路径 CCUS 的减排量为 $(30\sim68)\times10^8 t/a$。国际能源署（IEA）可持续发展情景的目标是全球于 2070 年实现净零排放，CCUS 是第四大贡献技术，占累积减排量的 15%。IEA 2050 年全球能源系统净零排放情景（Net-Zero Emissions，NZE）下，2030 年全球二氧化碳捕集量为 $16.7×10^8 t/a$，2050 年为 $76×10^8 t/a$。在国际可再生能源机构（IRENA）深度脱碳情景下，2050 年 CCUS 将贡献约 6% 年减排量，即 $27.9×10^8 t/a$。

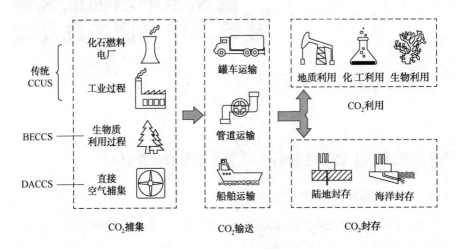

图 1.1　CCUS 技术环节

不同研究对 CCUS 在不同情景中的减排贡献评估有一定差异，如图 1.2 所示。2030 年，CCUS 在不同情景中的全球减排量为 $(1～16.7)×10^8 t/a$，平均为 $4.9×10^8 t/a$；2050 年为 $(27.9～76)×10^8 t/a$，平均为 $46.6×10^8 t/a$。

1.1.1.2　全球 CCUS 应用项目进展

为了减缓气候变化不利影响，人类必须从现在开始开发从空气和海洋中去除二氧化碳，并永久转化、固化和封存的突破性清洁技术。各国正在加大对 CCUS 项目的投入。2019 年，20 国集团（G20）能源与环境部长级会议首次将 CCUS 技术纳入议题。全球已经有 30 多个新的 CCUS 设施的计划相继宣布，各国政府和行业也在 2020 年承诺向 CCUS 项目提供超过 45 亿美元的资金。

就整个 CCUS 产业而言，受限于经济成本的制约，目前仍处于商业化的早期阶段。但从技术角度看，其所涉及的各个环节，均有较为成熟的技术可以借鉴。

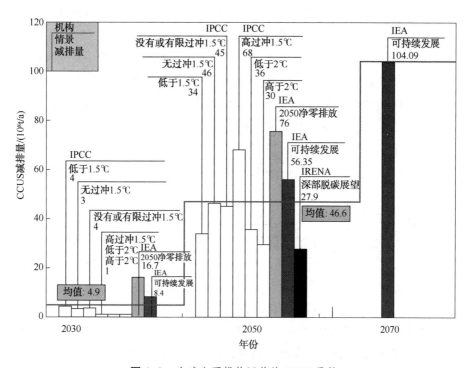

图 1.2 全球主要机构评估的 CCUS 贡献

按照 CCUS 产业链各环节的组合关系，可将全球 CCUS 产业模式分为 3 类：1）捕集—利用型（CU 型）。将捕集的 CO_2 进行直接应用，主要为化工利用和生物利用。2）捕集—运输—埋存型（CTS 型）。将捕集的 CO_2 通过罐车或管道等方式输送至目的地，并进行地质封存。3）捕集—运输—利用—埋存型（CTUS 型）。主要为 CO_2 驱油。目前，在全球大规模综合性项目中，美国、加拿大及中东地区以 CTUS 型为主，欧洲、澳大利亚则以 CTS 型居多。中国运行及在建项目多为 CU 型，完整产业链的 CTUS 型相对较少。

近年来，全球范围内 CCUS 工业示范项目数目逐步增多、规模逐步扩大，发展势头良好。根据全球碳捕集与封存研究院（GCCSI）的统计，截至 2020 年底，全球 CCUS 项目超过 400 个，有 65 个商业 CCS 设施。正在运行中的 CCS 设施可捕集和永久封存约 4000×10^4 t/a CO_2。处于运行阶段的 28 个大规模 CCUS 项目中有 14 个分布在美国，4 个分布在加拿大，3 个分布在中国，2 个分布在挪威，巴西、沙特阿拉伯、阿拉伯联合酋长国、卡塔尔、澳大利亚各有 1 个项目，装机容量约为 $4000\times10^4 t/a$。在运行、在建和规划的项目中，捕集量在 $40\times10^4 t/a$ 以上的大规模综合性项目有 43 个，62% 的捕集量集中在北美和欧洲地区，其次是澳大利亚和中国。

从 CO_2 排放源类型及规模来看，主要集中于电厂、天然气处理、合成气、炼油及化工等行业。其中电厂捕集量最大，占 52%。从单个项目 CO_2 捕集量来看，天然气处理、合成气、煤液化及电力行业的 CO_2 捕集量平均为 $(200\sim370)\times10^4 t/a$，化肥、制氢、钢铁、炼油及化工行业捕集量平均为 $(90\sim120)\times10^4 t/a$。

由 CCUS 衍生的 CO_2 在化学及生物应用方面大有前途，CO_2 化工利用是以化学转化为主要手段，将 CO_2 和其反应物转化成目标产物，实现 CO_2 资源化利用，主要产品有合成能源、高附加值化学品以及材料三大类。以 CO_2 加氢催化转化制甲醇为例，化工利用不仅能实现减排，还可以创造额外收益，对传统产业的转型升级发挥重要作用。

CO_2 地质封存可划分为咸水层(盐水层)封存、深部不可开采煤层封存、废弃油气藏封存 3 种主要类型。目前，国际上也已开展海上盐水层及废弃油气藏埋存 CO_2 的示范项目。从 CO_2 封存利用类型来看，在运行及执行项目中有 60% 以上是 CO_2 驱油项目，CO_2-EOR 已是成熟的 CO_2 封存利用方式。美国在利用 CO_2 驱油的同时，已经封存 CO_2 约 $10\times10^8 t$，形成了较为成熟的驱油技术和配套设施。

1.1.1.3 国外典型的 CCUS 应用工程

(1) 加拿大边界大坝(Boundary Dam)电厂。

2014 年 10 月 2 日，世界上首个燃煤电站 $100\times10^4 t/a$ 二氧化碳捕集项目在加拿大边界大坝(Boundary Dam)电厂正式投入运营。该项目是加拿大萨斯克彻温电力集团 SaskPower 旗下 CCS 产业公司的边界大坝工程，该工程主要是对原有的煤炭发电厂 3 号机组进行改造，改造后的电厂 3 号燃煤机组发电能力为 139MW，大约可以捕集 $100\times10^4 t/a$ CO_2 气体，CO_2 捕集率约为 90%。捕获的 CO_2 绝大部分出售给 Cenovus 能源石油公司，被运输到 Weyburn 油田用于驱油，未出售的 CO_2 注入盐水层，作为 Aquistore 项目的一部分，用于验证地下 CO_2 封存的可能性。

（2）美国 Petra Nova 电厂 CCUS 工程。

2017 年 1 月 10 日，美国 Petra Nova 电厂首次投运燃烧后碳捕集项目工程，该项目是世界上最大的 CCUS 项目，建设耗资超过 10 亿美元，每年捕获约 33%（140×10^4 t）来自 8 号工厂锅炉排放的 CO_2。该项目可以捕获到纯度为 99% 的 CO_2 气体，对气体进行压缩后，经管道输送到 100km 外的老油田 West Ranch 用于提高石油采收率。原先，该油田每天可生产 300bbl 石油。在通过向油田中注入新的高压 CO_2 后，油田的石油产量每天增加了 50~15000bbl。当前该项目预估至少还可以再运行 20 年。Petra Nova 项目捕集的 CO_2 最终将进入 West Ranch 油田 Frio 组的砂岩中，将被保留在地下约 5000ft 处，占地面积超过 4000acre。Petra Nova 碳减排系统的安装成本约为 10 亿美元，并根据"清洁煤计划"获得了美国政府近 1.9 亿美元的赠款，以及日本政府提供的 2.5 亿美元贷款。并且随着油田采油量的增加，采收率的提高将带来更多的净收入。但是，当该项目首次提出时油价为 \$100/bbl，而截至 2017 年，当时的石油价格约为 \$50/bbl，因此导致该油田的石油生产出现净亏损。后来，由于 COVID-19 大流行导致石油价格低廉，该项目已于 2021 年 1 月 29 日停运。

1.1.1.4　中东地区 CCUS 应用市场

海湾合作委员会国家是世界上人均 CO_2 排放量排名前 10 位的国家。该地区严重依赖碳氢化合物燃烧发电和能源密集型产业的运营。中东国家的工业部门迫切需要采取碳减排措施。海湾合作委员会国家为 CCUS 的成功商业开发提供了重要的财政和环境激励措施，吸引了更多投资和私营部门参与大型 CCUS 项目（图 1.3）的开发和运营。中东地区部署 CCUS 技术可在三个特定区域应用：天然气发电、石油和天然气的强化采收以及其他高级排放—密集型工业过程，包括天然气制油（GTL）和液化天然气（LNG）、蓝氢的生产。

在中东地区部署 CCUS 有多种有利因素。由于该地区的大多数发电厂都以化石燃料为基础，这意味着很大一部分碳排放集中在大型点源。此外，该地区的重工业集中在多个地点，使其在碳捕获和交通基础设施框架设计优化方面适合于 CCUS。此外，该地区随处可见的枯竭油气田可提供 CO_2 封存地，用于储存该地区数十年的碳生产。

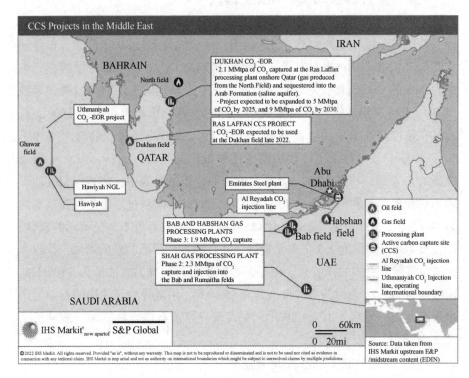

图 1.3　中东地区 CCS 项目

　　在中东，海湾合作委员会国家在实施第一个 CCS-EOR 和世界上最大的 CCUS 项目方面处于展示 CCS 和 CCUS 能力的高级阶段。中东目前三个大型商业 CCS 设施的 CO_2 捕集能力约占全球的 10%：它们分别是沙特阿拉伯的 Uthmaniyah CO_2 提高石油采收率(EOR)示范项目、阿布扎比的 Al Reyadah CO_2-EOR 项目和卡塔尔的 Ras Laffan CCS 项目。

　　中东在蓝氢生产方面具有潜在的竞争优势，因为它已经在多个行业(称为灰氢)中使用了大量的氢气，并且到 2050 年全球氢气出口市场预计达到 3000 亿美元，它可以证明有利于该地区的经济。配备 CCS 的氢气生产(蓝氢)的成本大约是通过可再生电力供电的电解生产的氢气(绿氢)的一半。蓝氢生产的这种低价为中东成为 CCS 技术的未来创新者之一铺平了道路，并为其成为氢气生产的市场领导者打开了大门。

1.1.2 太阳能、风能发电市场

1.1.2.1 全球太阳能、风能发电市场

全球光伏行业趋势太阳能光伏发电以其清洁、安全，取之不尽，用之不竭等显著优势，已成为发展最快的可再生能源。开发利用太阳能对调整能源结构、推进能源生产和消费革命、促进生态文明建设均具有重要意义。近年来全球光伏装机容量保持迅猛增长趋势。2018 年全球新增光伏装机容量为 99.3GW，2019 年新增装机容量为 98.4GW，2020 年新增装机容量为 126.8GW，保持迅猛增长态势。近 10 年来，全球光伏累计装机容量已经自 2011 年底的 73.75GW 增长到了 2020 年底的 713.97GW，年均增长28.7%。到 2020 年底，全球光伏累计装机容量占可再生能源总装机容量（含水电）比已高达 25.5%，预计未来还将继续维持增长。截至 2020 年底，从洲别上看，光伏装机容量主要集中在亚洲（57.0%）和欧洲（22.9%）。从国别上看，光伏装机容量主要集中在中国（35.6%）、美国（10.6%）、日本（9.4%）、德国（7.5%）和意大利（3.0%）。从近年来新增装机容量角度看，增长潜力较大的国别分别为美国、越南、日本等。

光伏电价成本呈现逐年下降趋势。随着技术进步与规模化效应增强，光伏平准化度电成本（LCOE，Levelized Cost of Energy）持续走低，固定式光伏电站的 LCOE 从 2010 年的 \$362/MW·h 下降到 2020 年的 \$47/MW·h。而根据彭博可再生能源财经报告《大型地面光伏电站系统成本深度解构》的数据，2020 年融资成本最低的光伏项目 LCOE 范围为 \$(23~29)/MW·h，阿联酋、智利、巴西、中国、澳大利亚和西班牙的光伏项目 LCOE 都能低至这一水平。世界各国光伏行业政策引导不断加强。全球主要国家都认识到，发展绿色能源至关重要。各国对光伏的发展出台多项政策积极引导，从刺激光伏大规模发展到降本增效，不同国家针对自身光伏发展情况制定出台相应的政策措施。从传统光伏老牌市场的美国、西欧到新兴市场的越南、东欧、中亚等地区，各国政府无一例外都出台了相关支持政策，包括光伏投资税收抵免（ITC）、可再生能源补贴政策（FIT）、差价合约机制（CFD）等。光伏产业聚集度提高，产能逐步扩大。全球光伏市场一直处于超预期增长的发展进程。而中国依旧是光伏行业电池、组件等制造的核心国家，产能和产量均占全球的 70% 左右，成为独一无二的世界光伏产业龙

头，而国内光伏企业也呈现"强者恒强"的局面。虽然 2021 年中国的光伏市场发展不及预期，但海外市场呈现高速增长，进而拉动制造端产能逐步扩大，产量保持快速增长。

风能作为一种清洁而稳定的可再生能源，是可再生能源领域中技术最成熟、最具规模开发条件和商业化发展前景的发电方式之一。目前，全球已有 100 多个国家开始发展风电。在当前全球大力提倡发展低碳经济的背景下，得益于风电技术进步和成本持续下降，风能正逐步成为绿色可再生能源中不可或缺的成员。

资源方面，地球上的风能资源十分丰富，多集中在沿海和开阔大陆的收缩地带，如美国的加利福尼亚州沿岸和北欧一些国家。世界气象组织于 1981 年发表了全世界范围风能资源估计分布图，按平均风能密度和相应的年平均风速将全世界风能资源分为 10 个等级。其中 8 级以上的风能高值区主要分布于南半球中高纬度洋面和北半球的北大西洋、北太平洋以及北冰洋的中高纬度部分洋面上。大陆上风能则一般不超过 7 级，其中以美国西部、西北欧沿海、乌拉尔山顶部和黑海地区等多风地带较大。成本方面，全球范围内风电度电成本总体呈现下降趋势，陆上风电降本趋势尤为显著。陆上风电度电成本将有望下降至传统燃料发电之下，根据 Energy-Intelligence 杂志 8 汇总的数据（以美国数据为例），风电从成本峰值到 2020 年降幅达 50% 以上，可再生能源中仅次于太阳能光伏的 88.2%，从平准化度电成本（LOCE）来看，目前陆上风电成本仅次于天然气，海上风电由于建造成本等原因度电成本仍然较高，但目前已进入相近的成本区间并呈现逐步下降的趋势。预计到 2050 年，陆上风电成本降幅达 33.3%，降至 \$0.036/kW·h，海上风电成本降幅达 48.5%，降至 \$0.053/kW·h，风电成为成本仅次于太阳能光伏的清洁能源。近二十年，全球风电发展迅猛，累计装机容量从 24GW 增至 743GW，年复合增长率超过 20%。2020 年以来，尽管受新冠肺炎疫情的影响，全球风电新增装机仍然受中国和美国等大国市场的拉动而创新高。2020 年，全球新增装机容量 93GW，同比增长 14.3%。

根据 GWEC 全球风电报告，从分类来看：过去 20 年，全球陆上风电从 2001 年的 24GW 增长到 2020 年的 708GW；海上风电从无到有，2001 年仅为 0.1GW，2020 年增长到 35GW。截至 2020 年底，全球陆上风电装机累计装机容量为 708GW，海上风电装机容量为 35GW，分别占全球风电累计装机容量的 95% 和 5%。

风电未来发展方向是行业政策持续支持，助力风电市场保持平稳增长。风电是未来最具发展潜力的可再生能源技术之一，具有资源丰富、产业基础好、经济竞争力较强、环境影响微小等优势，是最有可能在未来支撑世界经济发展的能源技术之一，各主要国家与地区都出台了鼓励风电发展的行业政策。根据全球风能理事会预计，2021—2025 年全球新增风电装机容量 469GW，亚洲、北美洲及欧洲仍是推动风电市场不断发展的中坚力量。

1.1.2.2 中东地区太阳能、风能发电市场

中东地区可再生能源市场主要集中在太阳能发电上。中东地区沿北纬 30°左右形成的亚热带沙漠提供了适合发展太阳能发电的理想天然场所。荒无人烟、开阔平坦的荒漠提供了价格低廉的项目建设用地，充足的光照条件则提升了发电设备利用效率，进一步摊薄发电成本。另一方面，光伏行业技术进步，尤其是多晶硅到单晶硅技术路线的转变，硅片金刚线技术的进步，双面组件的推广等，给光伏行业每年节约数十亿美元的成本，也催生太阳能发电市场规模迅速发展。根据中东光伏工业协会（MESIA）统计，目前中东北非地区（MENA）光伏市场的价值约为 200 亿美元。未来五年内，MENA 地区还将有价值 50 亿美元的光伏项目投入运营，另有 150 亿美元的项目将开建。

中东地区可再生能源项目层出不穷，市场容量不断扩大，对全球投资商、承包商、供应商产生巨大吸引力。同时，国际和区域开发商竞争激烈，不断用刷新纪录的中标电价，冲击着业内对中东地区可再生能源项目价格边界的认知，从下述中标电价的变化可看出太阳能发电市场竞争的激烈程度。

2017 年，迪拜穆罕默德·本·拉希德太阳能产业园第 3 期 800MW 光伏项目授标，ACWA Power 与 EDF 联合体以破纪录的 \$0.029/kW·h 报价中标，拉开了中东太阳能发电领域激烈竞争的序幕。随后，中东地区光伏 IPP 项目中标电价一路走低，不断由后来者甚至是纪录保持者自身所突破。

2018 年，迪拜穆罕默德·本·拉希德太阳能产业园第 4 期 700MW 光热+250MW 光伏项目开标，ACWA Power 以光热发电 \$0.073/kW·h、光伏

发电 $0.024/kW·h 的报价再次中标，同时刷新了自己保持的 $0.029 的光伏发电中标纪录，也开启了中东光热发电成本 $0.10 以下的时代。

2019 年 10 月，同样在迪拜穆罕默德·本·拉希德太阳能产业园，第五期 900MW 项目的中标纪录仍然由 ACWA Power 创造，$0.0169/kW·h 的中标价格不仅刷新了中东光伏电价的纪录，也刷新了很多国际工程人的世界观，ACWA Power 究竟是怎么做到的。

值得一提的是，在这次竞标中，由中国太阳能科技企业晶科能源与阿联酋可再生能源巨头马斯达尔和 EDF 组成的联合体也报出了 $0.0175/kW·h 的低价。

2020 年 1 月，卡塔尔发布第一个 800MW 光伏发电项目的招标结果，法国 Total 和日本丸红株式会社 Marubeni 以 $0.016/kW·h 的价格中标，再次刷新纪录。

2020 年 4 月，中东光伏项目中标价格纪录诞生在阿布扎比 2GW 光伏项目，EDF 与晶科能源再度联手，打败包括 Engie+International Power、日本软银+意大利埃尼、ACWA Power、Total+Marubeni 在内的中东光伏市场老手，以 $0.013533/kW·h 的超低价中标。

中东光伏协会近期预测，未来 3 年内，随着技术进步，光伏的价格将达到 $0.01/kW·h。

近几年来，中国企业也积极参与中东光伏和光热发电项目。这些企业既包括推动业务多元化转型的老牌央企承包商，也有转型 EPC/投资的光伏设备供应商。除了这些，还有隆基、阳光能源、中建材这些企业也在中东市场广泛布局，均有所收获。

1.1.3　氢能市场

1.1.3.1　全球氢能市场

全球能源转型过程中，氢能的角色价值日益凸显。氢能作为优良的二次能源载体，具有来源多样、适应性强、用途广泛、能量密度大等多重优势，因此氢能利用被视为已有能源系统的新型优化补充方式。化石能源、可再生能源以及氢电二次能源网络的互联互动将会成为未来能源利用的发展趋势。

（1）全球氢能需求巨大，前景乐观。IEA 数据显示，全球每年氢产量

约为 $1.17 \times 10^8 t$，其中 $6900 \times 10^4 t$ 为专用制氢产能，$4800 \times 10^4 t$ 为副产品制氢。2020 年，全球氢气需求量达到 $9000 \times 10^4 t$，几乎全部用于工业炼油和化学应用，95%的氢气通过化石燃料生产，给全球带来了近 $9 \times 10^8 t$ CO_2 放量。当前全球制氢技术正在清洁转型，但进度较为缓慢。国际氢能委员会联合主席伯努瓦·波捷表示，氢能已成为许多经济体碳中和投资计划的核心要素。全球范围内有大量氢能项目正在筹备中，预计到 2030 年，全球氢能领域投资总额将达到 5000 亿美元。世界能源理事会预计，到 2050 年氢能在全球终端能源消费量中的占比可高达 25%。能源、化工、制造企业之间的跨界氢能合作蓬勃兴起。氢燃料电池汽车市场逐渐火热。氢动力火车、船舶、卡车等新兴重型交通工具的研发掀起热潮。如韩国现代汽车投资约 64 亿美元用于和氢相关的研发和设施扩建。2021 年 7 月，现代汽车宣布，与现代电器能源系统公司合作开发专用于移动发电机和替代海事电源供应解决方案的氢燃料电池包。

（2）氢能尤其是绿氢成本将快速下降，可再生能源制氢的生产成本正以超预期的速度快速下降。随着全球绿氢项目的快速扩张，产业规模化效应将逐渐呈现。到 2030 年，可再生能源制氢项目中电解槽、电源和整流器、干燥/净化/压缩设备等核心设备的投资成本预计将从目前的 \$1120/kW 下降至 \$(200~250)/kW。同时设备运输、安装和装配（电网连接）、建筑成本（用于室内安装）以及项目开发、现场服务和试运行等间接成本也将随着行业规模化发展而有所下降。可再生能源发电成本（LCOE）、电解槽成本及部署规模、电解槽技术是影响绿氢制取成本（LCOH）的关键因素。可再生能源发电成本是制氢成本的主要构成部分，占比达到 60%~70%。到 2030 年，由于全球范围内可再生能源项目的大规模部署，可再生能源电力成本将持续降低，达到 \$(0.0104~0.02)/kW·h。从全球来看，清洁能源资源禀赋优越地区和国家的度电成本下降幅度较大，包括澳大利亚、智利和中东等。同时，电解槽成本也将加速下降，绿氢将很快具备经济竞争力。目前灰氢制取成本约为 \$(0.8~1.8)/kg，蓝氢成本约为 \$(1.5~2.5)/kg，绿氢成本高达 \$(3~9)/kg。就全球总体而言，当前绿氢成本仍然高于"化石能源+碳捕捉（CCS）"制氢技术，但到 2035—2040 年，绿氢成本将低于加装 CCUS 技术的煤制氢和天然气制氢成本，使得绿氢成本与蓝氢成本相当；到 2045—2050 年，绿氢成本将低于煤制氢和天然气制氢成本，真正实现与灰氢平价（图1.4）。预计到2050年，在巴西、中国、印度、德国和斯堪的纳维亚地区，绿氢制取成本将低于当地2019年天然气基准价格，但考虑到全球碳价机制不断推广实施以及天然气储备逐步降低等因素，未来天然气价将呈持续上升态势，绿氢成本竞争力将不断呈现。2022年3月，澳大利亚研究人员公布了效率为95%的专利毛细管进料电解池，比现有技术的效率高出约四分之一。到2025年，这项新技术可以将绿色氢能的成本降低到 AU $2/kg。

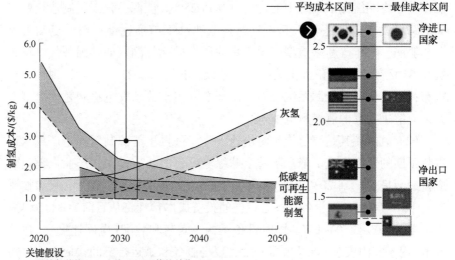

图1.4　各类技术路线制氢成本预测分析（2020—2050年）

多国出台氢能顶层设计和战略路线（表1.1）。根据国际氢能委员会的报告，全球已有31个国家从国家层面提出了氢能相关战略，上述国家占全球GDP的73%，其中澳大利亚、俄罗斯、加拿大等国还出台了扩大氢能出口的战略目标。而重点技术领域上，主要集中在降低氢价、发展氢燃料交通和工业脱碳上。值得注意的是，由于各国的资源禀赋存在差异，发展氢能的路线也存在差异，例如天然气资源丰富的俄罗斯，就以发展以天然气为原料的蓝氢，而非常见的绿氢为主要技术方向。目前，采取氢能战略的国家已承诺资助370亿美元，并联合私营部门投资3000亿美元用于氢能工业生产。但要实现2050年前净零排放的目标，在2030年前仍需投资1.2

万亿美元用于低碳氢(包括蓝氢和灰氢)的生产和应用。氢能发展依赖大规模基础设施建设,氢能存储和运输基础设施建设对于氢能大规模推广应用至关重要,也是现阶段我国企业应重点关注的领域。

表 1.1　主要经济体氢能源顶层设计战略

国家/地区	时间	文件	具体内容
日本	2017/12	氢能源基本战略	旨在创造一个"氢能社会"。该战略的主要目的是实现氢能与其他燃料的成本平价,建设加氢站,替代燃油汽车(包括卡车和叉车)及天然气与煤炭发电,发展家庭热电联供燃料电池系统。鉴于日本的资源状况,日本政府还将重点推进可大量生产、运输氢的全球性供应链建设。基本氢能战略还设定了 2020、2030、2050 及以后的具体发展目标
韩国	2019/01	氢能经济发展路线图	宣布韩国将大力发展氢能产业,引领全球氢能市场发展,重点关注氢燃料电池汽车,到 2040 年可创造出 43 万亿韩元的年附加值和 42 万个工作岗位,氢能经济有望成为创新增长的重要动力
澳大利亚	2019/11	国家氢能战略	确定了 15 大发展目标,57 项具体行动,意在将澳大利亚打造为亚洲三大氢能出口基地,同时在氢安全、氢经济以及氢认证方面走在全球前列
德国	2020/06	国家氢能战略	设定了德国氢能战略的目标与雄心,并根据氢能现状与未来市场,提出了德国国家氢能战略的行动计划。该战略为氢的生产、运输和利用提供了一个连贯一致的框架,并鼓励相关的创新和投资。设定了实现德国气候目标、创建德国新的经济价值链以及促进国际能源政策合作所需的步骤
欧盟	2020/07	欧洲氢能战略	为欧洲未来 30 年清洁能源特别是氢能的发展指明了方向。该战略将通过降低可再生能源成本并加速发展相关技术,扩大可再生能源制氢在所有难以去碳化领域进行大规模应用,最终实现 2050 年"气候中性"的目标
法国	2020/09	法国国家无碳氢能发展	计划到 2030 年投入 70 亿欧元发展无碳氢能,即在生产和使用过程中均不排放二氧化碳的绿色氢能,促进工业和交通等部门脱碳,助力法国打造更具竞争力的低碳经济

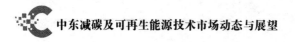

续表

国家/地区	时间	文件	具体内容
俄罗斯	2020/10	2020—2024年俄罗斯氢能发展路线图	计划到2024年建成由传统能源企业主导的氢能全产业链,具体包括制造领域,重点倾向以天然气为原料制备的蓝氢和通过核电水解得到的黄氢;应用环节建造并测试以天然气制氢为动力的涡轮机、氢动力载人火车、氢能充电装置等;运输环节建立氢气管网;科研方面开发"氢能全技术链"等
美国	2020/11	氢能计划发展规划	提出未来十年及更长时期氢能研究、开发和示范的总体战略框架,设定了到2030年氢能发展的技术和经济指标,研究、开发和验证氢能转化相关技术(包括燃料电池和燃气轮机),并解决机构和市场壁垒,最终实现跨应用领域的广泛部署
加拿大	2020/12	加拿大氢能战略	分3个阶段发展国家氢能产业,预计到2050年,国内收益超过500亿美元的传统石油和天然气部门将会被改造,并建立一个充满活力的氢能出口市场,可实现减排二氧化碳超过1.9亿吨。绘制了"氢经济"发展路线图,并制定了战略伙伴关系、投资、创新、规范与标准、政策与法规、用氢意识、地区发展、国际市场等八大方向的行动计划
英国	2021/08	英国氢能战略	到2030年,英国将成为氢能领域的全球领导者,实现5GW的低碳氢生产能力,推动整个经济系统脱碳,支持英国的新就业和清洁能源增长。基于氢能价值链的每个部分,战略阐述了未来10年发展和扩大氢经济的综合路线图,以及实现2030年目标所需的关键步骤

目前,发达经济体国家领跑氢能领域,美欧日依据本国特点制定各自氢能发展路线图。日本氢能发展更多关注技术开发,加氢站建设及运营成本,氢燃料电池车价格每阶段都有较大幅度下降。日本氢能产业发展重点突出,政府强力支持关键氢能项目,极力推进"氢能源社会"建设。目前燃料电池热电联供系统已安装34万台,计划2030年安装530万台。丰田、本田氢燃料电池汽车商业化,2019年9月全球第1万辆Mirai下线。加氢基础设施重点是基础研究和材料、车载储氢容器、氢气运输及加氢站。美国氢能发展主要关注氢能产业推广,对氢燃料电池车、加氢站数量有明确预测。美国氢能产业起步早、发展稳,在全球率先提出氢经济概念,先后

出台《1990 年氢气研究、开发及示范法案》《氢能前景法案》。21 世纪后更是大力推进氢能领域的投入，2002 年发布"国家氢能发展路线图"，标志着氢经济从构想转入行动阶段。2004 年发布《氢立场计划》，明确氢经济发展要经过研究示范、市场转化、基础建设和市场扩张以及完成向氢能经济转化 4 个阶段。2012 年，联邦预算 63 亿美元用于氢能、燃料电池等清洁能源的研发，并对境内氢能基础设施实行 30%～50% 的税收抵免。2019 年，宣布为 29 个项目提供约 4000 万美元资金，跨部门实现低负担且可靠的规模化"制氢、运氢、储氢和氢应用"，推进氢能产业规模化。欧洲则更关注氢能发展对二氧化碳减排发挥的作用，并在氢能领域给予大量政策支持。2003 年，欧盟 25 国开展"欧洲氢能和燃料电池技术平台"研究，对燃料电池和氢能技术发展进行重点攻关。2009 年，欧盟完成"天然气管道运输掺氢"项目研究；壳牌、道达尔、法国液化空气集团、林德、戴姆勒等公司共同签署了 H2Mobility 项目合作备忘录，将在 10 年中投资 3.5 亿欧元，在德国境内建设加氢站；2015 年和 2016 年分别启动了 H2ME1 计划和 H2ME2 计划，共投资 1.7 亿欧元，建设 49 座加氢站。截至 2019 年底，欧洲共建成运营 177 座加氢站，其中，德国 87 座、法国 26 座。

产业链(图 1.5)带动效应显著，中资企业赛道广阔，氢能源产业链分为上游制氢、中游储运和下游终端消费三个环节，涉及的产业领域非常广泛。

从生产端来看，氢能的优势在于制取、储运便利，相对环保。一是氢能来源广泛，除了以化石燃料制氢外，还可利用风电、太阳能等通过电解水形式制氢。二是储运相对便利，氢可以气、液态存储于高压罐中，也可以固态存储于储氢材料中，相对于以电网运输，波动大、损耗多的风能、太阳能等更具优势。三是相对绿色环保，氢能的燃烧产物是水，在使用可再生能源制氢的前提下能实现零碳排放，而传统化石能源通过制氢，而不是直接发电，其碳排放强度也会有所下降。从应用端来看，氢能的优势在于高效、应用广泛。一是高效，相对于其他常见能源，氢气燃烧的热值更高，能达到 142kJ/g，远高于其他能源，从而能够提升效率。二是氢气的应用广泛，既可以用作燃料电池发电，应用于汽车、船舶和航空领域，也可以单独作为燃料气体或化工原料进入生产，同时还可以在天然气管道中掺氢燃烧，应用于建筑供暖等。目前在已经规模化应用的能源中，仅有石油能具备供热、供电、交通燃料等多种功能，而氢气无疑又是一种具有多种能源特性、适用多种场景的优质能源。截至 2021 年末，全球范围内约有359 个已建、在建及规划氢能产业项目(图 1.6)。

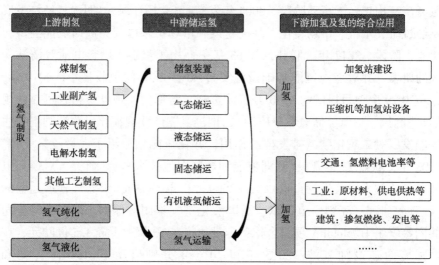

资料来源：前瞻产业研究院。

图 1.5　氢能源行业产业链

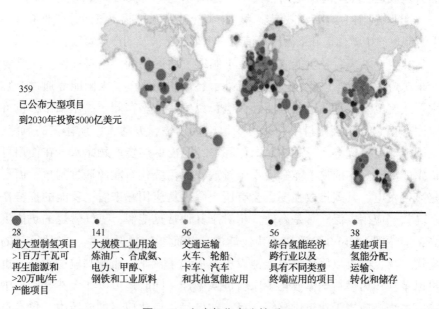

图 1.6　全球氢能产业链项目

(来源：国际氢能委员会、麦肯锡咨询公司、彭博可再生能源财经)

按种类来看，28 个属超大型项目（制备容量大于 $100×10^4$ kW 的绿氢项目或年产量超过 $20×10^4$ t 的蓝氢项目）；工业和交通领域氢能项目数量分别达 141 个和 96 个。

按地域来看，欧洲已公布项目数量全球领先（231 个，占比 64%），澳大利亚、中国、日本、韩国和美国紧随其后。欧洲已公开氢能项目中，105 个为氢气生产项目，其他项目涵盖全产业链，重点布局在工业应用和交通运输应用领域，同时欧洲以密切的跨行业和政策合作尤为重要，支撑多个氢能综合项目（如荷兰的氢谷）。日本和韩国在交通运输应用、绿色氢、液氢和有机液态储氢项目方面实力雄厚。到 2050 年，氢能需求更大（表 1.2）。

表 1.2 2050 年全球分行业、分情景氢能需求展望（$100×10^4$ t）

行业	应用	完全绿色情景	弱情景	强情景
建筑	建筑及水加热	106	21	53
电力	最高负荷	439	6	291
工业	水泥	87	19	38
	钢铁	90	9	45
	玻璃	2	0	1
	铝业	8	1	2
	石油精炼	25	2	6
	甲醇	34	1	3
	氨	55	5	28
交通	汽车	80	8	32
	公共汽车	5	1	4
	轻型卡车	34	2	17
	重型卡车	319	106	212
	船舶	87	6	36
合计		1371	187	768
占总能源需求		30%~48%	4%~7%	15%~24%

注：弱情景、强情景取决于氢能地位和绿色转型政策。

1.1.3.2 中东地区氢能市场

在全球能源向清洁化、低碳化、智能化发展趋势下，氢能作为 21 世纪人类可持续发展最具潜力的二次清洁能源，是保障能源结构清洁化和多元化的重要支撑。

国际能源署(IEA)发布的零碳能源转型报告中预计，到 2050 年实现全球净零排放将大约需要 $5.2×10^8$ t 的低碳氢气，其中约 $3.06×10^8$ t 绿氢来自可再生能源。2020 年，全球消费量达到 $8700×10^4$ t。这一增长是由氢的现有应用和新的应用领域引发的。全球氢市场正以每年 6% 的速度扩张，预计到 2025 年将达到(1800~2000)亿美元。根据高盛预测，到 2050 年，绿色氢气市场的价值将达到 12 万亿美元。国际可再生能源署(IRENA)则认为，到 2050 年，满足全球氢需求需要投资近 4 万亿美元。

阿拉伯石油投资公司(APICORP)发布了一份名为《2022—2026 年中东和北非能源投资展望》的研究报告，预测中东和北非地区对于能源投资的计划和承诺的总额预计将在未来 5 年内增长 9%，其投资规模超过 8790 亿美元。其中有巨额资金将投资于脱碳、可再生能源和清洁能源，确保该地区产出的蓝氢和绿氢在短期内主导新兴的氢气市场，并向欧洲和东南亚的需求中心出口低碳氢气。

行业专家预测，氢气未来可能会像石油和天然气一样成为一种全球交易的能源。

由于中东天然气价格较低，由碳捕获利用和储存技术的碳氢化合物生产的蓝氢，在中短期内将发挥关键作用。

中东和北非(Middle East and North Africa：MENA)地区拥有强烈日照、丰富风能，以及大量无人居住的土地使其在太阳能、风能发电方面具有巨大优势，因此能降低电力价格，进而促进绿氢生产。同时，太阳能和风能发电及电解槽等技术的进步，使可再生能源的成本大幅下降，预计随着时间的推移，利用可再生能源生产绿氢将变得更具成本竞争力。

从历史经验来看，太阳能的容量系数为 20%~30%，风电为 35%~45%，风能和太阳能的总容量系数则可达到 70%。中东和北非地区拥有比欧盟高得多的太阳能容量系数，可以生产价格便宜很多的绿氢，成为向欧盟内不断增长的进口市场出口氢气的主要地区。

从短期来看，氢气的平准化生产成本的范围可以从低于 1.5/kg 氢气至 4/kg 氢气不等，从图 1.7 可看出，中东北非地区的制氢平准化成本在全球范围内具有明显优势。

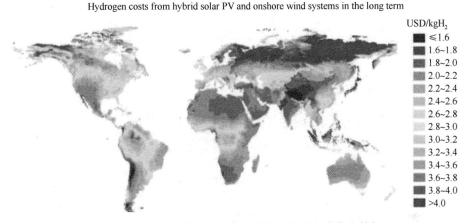

Hydrogen costs from hybrid solar PV and onshore wind systems in the long term

USD/kgH₂
≤1.6
1.6~1.8
1.8~2.0
2.0~2.2
2.2~2.4
2.4~2.6
2.6~2.8
2.8~3.0
3.0~3.2
3.2~3.4
3.4~3.6
3.6~3.8
3.8~4.0
>4.0

图 1.7 未来全球太阳能光伏和陆上风电混合系统的制氢
平准化生产成本(来源:IEA)

在低成本和高需求的双重驱动下,绿氢越来越受到追捧。根据 CEBC 的研究,中东和北非国家总体上以出口为目的的低碳氢倡议数量最多。因此,中东和北非地区预计将成为最大的绿氢供应商。中东和北非地区处于领导推动绿氢生产的战略地位,这也将有助于其向清洁能源过渡,在整个地区创造就业机会,并为国际贸易和刺激经济增长开辟新机遇。

近年来,中东北非国家不断探索能源结构调整,加大对清洁能源尤其是绿氢的投资,以降低对石油的严重依赖,努力实现经济多元化发展。据中东经济文摘报道,截至 6 月底,中东北非地区至少有 34 个绿氢和绿氨项目(图 1.8)。其中 25 个项目披露了投资预算或产能,估计投资总额超过920 亿美元。阿曼以 11 个计划中的项目领先,总投资约为 489 亿美元。其中一个项目是在乌斯塔省的 25GW 绿氢项目,占该国规划的绿氢和绿氨项目总规模的一半以上。

沙特阿拉伯作为石油的代名词,在"新石油"绿氢的争夺战中自然不甘居于人下;阿联酋则雄心勃勃地宣布其目标是占据全球低碳氢市场 25% 的份额;而阿曼等国的实力也不容小觑;这些国家实际上已经采取了有力的措施,将自己定位为氢能的低成本出口国。

中东地区也在寻求击败其主要竞争对手——欧洲和亚洲的措施,以期主导全球绿色氢气市场。

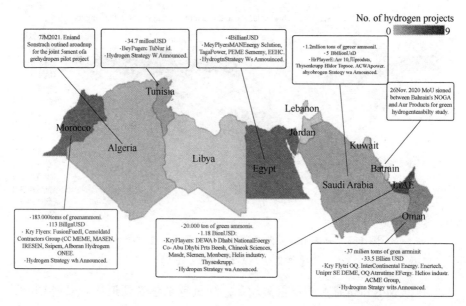

图 1.8 中东绿氢、绿氨项目统计(来源：CEBC)

2021 年，阿联酋宣布了几个新项目。法国 Engie 公司和总部位于阿布扎比的可再生能源公司马斯达尔表示，他们将向阿联酋的绿色氢气产业投资 50 亿美元，目标是到 2030 年前电解槽产能达到 2GW。迪拜推出了中东地区"首个工业规模"的绿色氢气工厂。阿联酋表示，计划到 2030 年前在全球低碳氢气市场中占 25%的份额。

与此同时，沙特阿拉伯宣布与沙特电力开发商 ACWAPower 和阿曼石油及空气产品公司达成一项 70 亿美元的协议，在阿曼的塞拉莱免税区生产绿色氢气。阿曼还宣布，希望到 2040 年前建立以氢气为中心的经济，拥有 30GW 的绿色氢气和蓝色氢气。

自 2021 年以来，中东地区的绿色氢气市场大幅扩大。由于在研发方面的重大投资，沙特阿拉伯已经能够降低绿色氢气生产的成本，使绿色氢气更具吸引力。沙特阿拉伯现在的目标是实现每千克绿色氢气价格 1 美元，使其成为世界上最便宜的绿色氢气生产国。一些私营公司也在寻求分一杯羹的措施，德国西门子公司在中东地区确定了 46 个可行的绿色氢气项目，总价值为 920 亿美元。阿联酋和阿曼以及沙特阿拉伯都显示出了巨大的投资潜力。

1.1.4 地热能市场

1.1.4.1 全球地热能市场

（1）地热能资源。

地热能存在于地壳下的岩石和流体中，从浅层地面到地表下数千米或更深，可以通过钻井采集蒸汽和高温热水被带到地表上，用于发电、直接使用以及供暖和制冷。地热资源按深度划分为浅层、中深层和深层地热资源。浅层地热深度范围一般为200m，包括土壤层及浅层含水层。中深层地热资源一般介于200~3000m。深层地热资源埋深通常超过3000m。地热能资源储量丰富，分布广泛但不均衡。国际能源署、中国科学院和中国工程院等机构的研究报告显示，世界地热能基础资源总量为$1.25×10^{27}$J，是当前全球一次能源年度消费总量的200万倍以上。全球地热能主要集中在4个高温地热带上，分别是：大西洋中脊地热带、东非裂谷地热带、环太平洋地热带以及地中海—喜马拉雅地热带。

（2）地热类型。

根据地热资源的性质和赋存状态，可将地热系统分为蒸汽型、热水型、地压型、干热岩型和岩浆型5种类型。地压型地热资源是指热储层埋深在2000~3000m，新近纪滨海盆地碎屑沉积物中的地热资源，在自然界中较为少见，但其能量潜力巨大，除了热能以外，往往还储存有甲烷之类的化学能及高压所致的机械能，有较大的利用价值。干热岩型地热是储存在地球深部岩层中的天然热能。由于深埋于地下1600m或更深，温度高、含水少，开采此种能源的方法之一是直接采热。岩浆型地热资源是指蕴藏在熔融状和半熔融状岩浆体中的巨大能源资源，这类地热资源的热能寓于侵入地壳浅部的岩浆体或正在冷却的火山物质等热源体中，温度达600~1500℃，主要分布在一些多火山地区，埋深大多在可钻深度以下，在当前的技术经济条件下，尚无法开发利用。干热岩型和岩浆型地热资源潜在价值很大，但其开发利用有待于地热开采经济技术的提高。热水型地热资源是指地下热储中以水为主的对流热液系统，此类地热田又可按温度高低分为：高温(大于150℃)地热田、中温(90~150℃)地热田以及低温(小于90℃)地热田。蒸汽型地热资源是指地下以蒸汽为主的对流热系统，以生产温度较高的蒸汽为主，其中夹杂少量其他气体，系统中液态水含量很低甚至没有。蒸汽型和热水型统称为水热型，是目前开发利用的主要对象。

（3）地热能产业。

目前可利用的地热资源主要包括：通过热泵技术开采利用的浅层地热能、天然出露的温泉、通过人工钻井直接开采利用的地热流体以及干热岩体中的地热资源。国际上热泵技术在地热利用技术中较为成熟，已进入商业化发展阶段。

① 热泵产业。

地源热泵是陆地浅层能源通过输入少量的高品位能源（如电能），实现由低品位热能向高品位热能转移的装置。21 世纪以来，地源热泵得到大面积推广应用，产业也呈现出高速发展态势。

② 地热发电产业。

地热发电是地热能利用的重要方式。与其他可再生能源发电技术相比，地热发电的机组利用率高、度电环境影响小、成本具有竞争性，且不受天气条件的影响，可提供基荷电力。全球地热发电模式主要包括适用于高温热田的干蒸汽发电系统、中高温热田的扩容式蒸汽发电系统、中低温热田的双循环发电系统。其中扩容式蒸汽发电系统在地热发电市场占比约57%，是地热发电的主力。法国市场调查公司 ReportLinker 预测，从 2020 年至 2027 年间，上述三种发电系统的年均复合增长率将分别达到 8.4%、10.6%和 8.8%，到 2027 年，扩容式蒸汽发电系统仍将占据全球地热发电市场的主要份额。

③ 干热岩地热发电产业。

干热岩地热开发是地热研究的热点，全球探明的地热资源多数为干热岩型的。干热岩温度高，开发利用潜力大，应用前景广阔。增强型地热系统是开发干热岩型地热资源的有效手段，通过水力压裂等储层改造手段将地下深部低孔、低渗岩体改造成具有较高渗透性的人工地热储层，并从中长期经济地采出相当数量的热能加以利用。随着研究的不断深入，增强型地热系统的概念也不仅仅局限于干热岩内，一些传统的地热储层，如温度较高的富水岩层，也可以经过适当的改造而形成增强型地热系统加以利用。

（4）地热能利用现状。

近年来，全球直接利用地热能的国家数量不断增加。根据 2020 年世界

地热大会的统计，2020 年直接利用地热能的国家/地区已从 1995 年的 28
个增至 88 个。截至 2020 年，全球地热直接利用折合装机容量为
0.108GW，较 2015 年增长 52%，地热能利用量约合 2835.8GW·h/a，较
2015 年增长 72.3%。根据国际能源署数据，2019 年全球地热发电量达到
91.8GW·h，同比增长 3%。根据 ThinkGeoEnergy 数据，2020 年全年全球
新增地热发电装机容量 202MW。全球地热发电总装机达到 15608MW。其
中，美国地热发电装机 3714MW，居世界首位，其次是印度尼西亚、菲律
宾、土耳其和新西兰。2015—2020 年，土耳其、印度尼西亚、肯尼亚带动
了全球地热发电装机的增长，上述三国新增地热发电装机分别为 1074MW、
998MW 和 599MW。在此期间，比利时、智利、克罗地亚、洪都拉斯和匈
牙利相继进入利用地热发电的国家之列。

虽然目前地热发电仅占全球非水可再生能源装机比重约为 1%，但由
于机组利用率高，地热发电贡献了非水可再生能源发电总量的 3% 以上。
在资源条件适合的地区，地热发电在电力平准化成本上可以和其他可再生
能源媲美。许多国家正在加快进入地热市场，特别是欧洲国家。以德国为
例，德国已拥有 37 座地热发电设施，并计划在未来数年里新增 16 座地热
发电以及供热设施。地热直接利用装机容量世界排名前五的国家分别为：
中国、美国、瑞典、德国和土耳其；地热能利用量排名前五的国家分别
为：中国、美国、瑞典、土耳其和日本。

（5）地热发电的成本。

地热发电的成本在很大程度上偏向于初期投资，而不是维持其运行的
相关费用。首先是钻井和管道建设，然后是实际工厂的设计。电站建设通
常与最终的场地施工同时完成。一个地热电站的场地开发和电站建设的初
始成本约为 $(300~500)×10^4/MW 装机。运营和维护成本从 $0.01/kW·h
到 0.03 $/kW·h 不等。大多数地热发电厂可以在 90% 以上的可用率下运
行（即 90% 以上的时间生产），但在 97% 或 98% 下运行会增加维护成本。
2007~2019 年，地热的 LCOE 从现有场地二次开发的 $0.04/kW·h 到偏远
地区的绿地开发的 $0.17/kW·h 不等。根据 IRENA 的估算，全球加权平均
LCOE 从 2010 年投产项目的 $0.05/kW·h 上升到 2019 年的 0.07 $/kW·h。
由于近些年风能和光伏发电 LCOE 快速下降的趋势，这一数值在可再生能源
中已经没有优势，但是这仍然大大优于风光能配套储能的 LCOE，也说明

了在有高质量热源的情况下，地热发电作为基荷电源可以提供有竞争力的电价。

（6）地热能利用预测。

国际能源署预测，到 2035 年和 2040 年，全球地热直接利用装机容量将分别达到 500GW 和 650GW，地热发电量将增至 553TW·h，分别是当前水平的 5 倍以上。

（7）地热开发利用模式。

梯级开发和综合利用能够提高地热资源的开发利用率和技术含量，在提升地热资源经济效益的同时带来明显的社会效益与环境效益。地热能与太阳能、风能在开发利用上最大的区别在于，地热能随着温度的变化，可以应用到众多领域。随着地热发电、供暖、热泵等技术越来越成熟，地热利用方式正在发生重大变化，由单一的发电、供暖等应用向梯级开发、综合利用发展。目前，地热梯级开发和综合利用已成为全球地热能领域探索的热点方向。

地热能与其他能源系统耦合集成、一体化发展潜力较大。如地热能与多种清洁能源互相补充的多热源供热系统，可将提取的热量经济效益最大化；太阳能-地热能耦合地热发电系统，可有效提高中低温地热发电系统能效；以地热发电为主的集约化综合利用系统，可实现采暖、制冷、热泵和干燥等综合利用等。

分布式井口地热电站。传统地热电站采用集中式，集中式汽轮机大机组的初始资本支出较高，例如一个 30MW 的集中式地热电站要求的初始投资就达到(0.9~1.5)亿美元。分布式井口电站实现模块化安装，大大降低初始投资成本，后续可以实现边发电边开发，现金流可持续，有效降低开发风险。这种开发模式市场前景广阔。

（8）新的市场参与者。

增强型地热系统(EGS)领域的技术尚在示范性推广阶段，因此该领域代表性的公司基本是年轻和小型的创业公司，包括 Fervo，AltaRock。Ormat 也是积极推动 EGS 发展的公司之一。在高温地热设备领域，以汽轮机厂商为主，其中日本厂商主宰份额，包括三菱重工、东芝、富士电机。中国厂商哈尔滨电气、东方电气也有提供。汽轮机本身应用领域众多，是一个非常庞大的市场，全球范围内达到 200 亿美金。在双工质发电技术上，美国的 Ormat(ORA)是绝对的领先者，中国开山集团是双工质发电技术领域的强有力竞争者。

除此之外，大型石油公司是地热行业特别重要的合作伙伴，地热项目为油气公司提供绿色转型机遇。2020 年 9 月，参与英国页岩气项目开采的油气企业 Igas Energy 表示，正采取行动使其投资组合更加多元化，并与英国深海地热项目开发商 GT Energy 达成了合作协议。据 Igas Energy 公司透露，其正在将可再生能源技术加入其重点开发领域，其中就包括地热能相关技术。同月，油服巨头斯伦贝谢和地热能企业热能合作伙伴组建了地热能企业 GeoFrame，计划在油气资源丰富的美国得克萨斯州开发地热能资源。2021 年 2 月，雪佛龙联合 BP 宣布投资加拿大地热公司全球可扩展地热技术领先公司 Eavor。这是 BP 首次投资地热，是雪佛龙 2016 年出售地热资产后再次迈入此领域。此前油气巨头进军可再生能源领域时，多选择风力发电和太阳能发电项目，而鲜少涉足地热领域，但事实上地热勘探开发与油气公司油气勘探开发在原理、研究对象、工程、施工队伍等方面十分相似，油气公司丰富的人力物力资源、雄厚的财力，以及勘探和钻井方面先进的技术和经验都对地热开发利用非常有利。此外，大型油气公司拥有全球运营和项目管理方面的专业知识，地热项目可为其提供收入来源多样化以及绿色转型的机会。考虑到化石能源前景，雷斯塔能源称，未来将会有更多跨国油气企业进入地热市场，利用其现有技术手段开发地热能，进而获得新的市场增长机会。

1.1.4.2 中东地区地热能市场

（1）中东地区地热能资源量。

对 13 个中东国家（MEC）的已探明地热储层数量、热能容量和潜在利用区域，严格评估地热能开发前景。评估结果发现，目前所有 MEC 的地热储层/资源大多是中等（100~150℃）和低（<100℃）热焓储层，除了土耳其、伊朗和也门表现出一些高（>150℃）热焓地热场。评估结果表明，大多数富含石油的 MEC 没有充分勘探/开发其地热资源。对于油气储量低/枯竭的国家，充分开发地热能被视为满足其能源需求的选择之一。为了充分优化地热能源生产，这些国家采用先进的地热能源生产技术（GEPT），学习欧洲和美国的经验来制订自己的 GEPT，包括国家和区域战略和政策框架，以帮助充分利用这些宝贵的地热资源。

中东地热能的开发利用情况因国家而异。总的趋势表明，中东地区对推广绿色能源的兴趣日益浓厚。尽管并非整个地区都能提供地热能源生产所需的所有条件，但值得注意的是，即使中东国家用地热技术替代一小部分传统能源生产技术，仍可确保"0.2EJ/a 的供热"和每年 17TW·h 的发电量，这些分别占世界总量的 1.7% 和 1.4%。虽然地热能不是中东能源危机的主要解决方案，但它至少是一种减轻传统发电技术可能发生的生态灾难的方法。

（2）中东地区地热能市场及应用。

目前，中东地区地热能应用集中在发电、加热和冷却以及海水淡化。

① 发电。

伊朗是中东地区对地热能最感兴趣的国家，也是唯一具有近期地热发电发展潜力的地区。它已经启动了两个大型地热能源项目，其中一个称为 Sabalan 项目，包括对地热区的进一步深入调查以及随后的钻井和工厂建设（Chitchian 2）。另一个是 Damavand 项目，旨在全面勘探德黑兰北部地区。伊朗地热能的应用预测涉及两个方面，为附近地区提供电力的地热热泵和旨在吸引游客到该地区的浴疗设施。Meshkinshahr 地热田的勘探钻探和资源评估表明，其具有安装 5MW 的短期可行性，长期目标是产生 55MWe（Huttrer，2021 年；Mousavi 和 Jalilinasrabady，2021 年）。阿曼政府最近启动了一个项目，利用从 7000 多口油气井和水井中获得的数据评估该国的地热潜力。沙特阿拉伯开发红海沿岸地热资源的研究还处于早期阶段。

② 加热和冷却。

中东一些国家正在考虑将地热能源用于建筑物的冷却系统。在阿拉伯联合酋长国，国家中央供冷公司 Tabreed 获得了马斯达尔市供冷系统的特许经营权，并正在探索使用在马斯达尔市钻探的两口地热井进行供冷的可能性（国际区域能源协会，2020）。在约旦，Mena Geothermal 在马达巴美国大学建造了一个地热供暖和制冷系统，该系统被誉为非洲和中东地区最大的此类系统。该项目的地热交换器系统每年可节省 $20×10^4 kW·h$ 的制冷用电和 $10×10^4 L$ 柴油供暖。

③ 海水淡化。

沙特阿拉伯、阿拉伯联合酋长国、阿曼、卡塔尔等缺水国家已经在调整与水有关的做法和政策（Nature Middle East，2017 年），地热能会在这些国家逐步替代太阳能提供海水淡化所需能源，无论是单独使用还是与其他可再生能源结合使用。

1.1.5 储能市场

1.1.5.1 全球储能行业市场

储能技术是发展可再生能源的关键一环。与传统能源发电不同，以风能、太阳能等为主体的可再生能源发电单机容量小、数量多、布点分散，且受天气影响，具有显著的间歇性、波动性、随机性特征，会导致发电高峰与用电高峰不匹配，带来电网调节能力不足和频率稳定难度上升等挑战。储能技术的发展，能使电力供需更趋平衡、提升电力传输配送质量、提供应急备用能源等。"可再生能源+储能"的模式已是行业大势所趋。

（1）储能类型。

储能，是指通过介质或设备采用物理或化学方法将能量进行储存和再释放的过程。按照能量储存方式，储能可分为物理储能、电化学储能、电磁储能、氢储能等。其中物理储能主要包括抽水蓄能、压缩空气储能、飞轮储能等；电化学储能主要包括铅酸电池、锂离子电池、钠硫电池、液流电池等；电磁储能主要包括超级电容器储能、超导储能等。

抽水蓄能利用水能发电，工作原理简单、技术成熟、使用寿命长，不过也受到选址、建设周期长和初始投资大等因素制约。是目前发展最成熟、装机容量最大的储能技术。

电化学储能近年来发展迅速，其中又以锂电池应用最广。储能锂电池就像是超大型的"电池"，在持续放电能力、响应速度和使用寿命等方面均有较大优势，可以在发电侧、用户侧和电网侧等许多场景应用。特别是在深山、海岛等一些偏远地区，使用家庭锂电池储能系统可以提高可再生能源发电的稳定性和使用率，在用户端实现"自发自用"，节省用电成本。

氢储能技术正成为储能领域的新秀。氢气是具有高能量密度特性的气体，可以通过电解水制取氢气实现储能。目前，多个国家正研究利用风能、太阳能等可再生能源发电，制取氢气作为工业原料、燃料或发电原料，从而形成"电—气—电"的能量转换，实现跨季节的储能和长距离的输送，支持可再生能源电力的消纳。

以电化学储能、氢储能为代表的新型储能技术可以广泛应用于新型电力系统发、输、配、用各环节，是未来重要的发展方向。新型储能技术不仅可以"填谷削峰"，抚平电力供需，还具有响应速度快等特性，能够涵盖秒级、小时级、数周乃至数月等各种时长的能量储存和再释放的场景，从而提升新型电力系统的灵活性，保障电力供应安全和稳定性。

全球多国还围绕超级电容、飞轮储能、压缩空气储能、储热和储冷等方面，进行储能科学研究和技术开发示范。此外，储能技术的大规模应用仍需解决成本、安全性等一系列问题。各国应进一步加快相关基础研究和技术合作，推动储能产业市场走向成熟，加速全球绿色低碳电力系统和能源体系变革，让清洁的电力早日普及。

（2）储能行业技术类型。

根据全球储能项目库的不完全统计，截至 2020 年底，全球已投运储能项目累计装机规模 191.1GW，同比增长 3.4%。其中，抽水蓄能的累计装机规模最大，为 172.5GW，同比增长 0.9%，占比 90.3%；电化学储能的累计装机规模紧随其后，为 14.2GW，占比 7.5%；在各类电化学储能技术中，锂离子电池的累计装机规模最大，为 13.1GW，占比 92.0%，具体分布如图 1.9 所示。

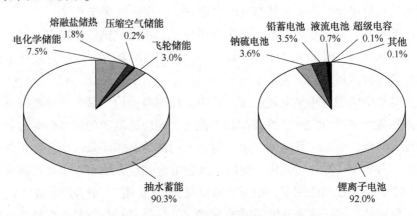

图 1.9 全球储能行业与电化学储能装机规模分布图

（来源：CNESA 全球储能项目库）

总体而言，传统储能以抽水蓄能为主，这是最传统的储能解决方案之一，但其发展潜力受到合适的水电和场地可用性的限制。但相对于当前和未来的需求，大多数国家大幅增加抽水蓄能容量的能力是有限的，全球抽水蓄能容量占全球总储能的份额正在稳步下降。相比之下，绝大多数新的储能项目使用电池储能，这一市场受到快速发展的电池技术、电池成本的稳步下降以及可再生能源发电本身成本降低的推动。除此之外，压缩空气、氢气等储存技术都在进一步完善和发展。其中，压缩空气储能技术通常部署在大型地下洞穴中，目前已应用于中国和美国的调峰和能源转换项目。氢气技术凭借在能源储存和运输部门的使用灵活性以及对关键金属低依赖性，正逐步成为许多国家实现减碳目标的关键部分。目前，对氢气储存的研究和开发仍处于相对早期的阶段。

（3）储能行业主要市场。

目前，全球储能行业较活跃的市场除中国外包括美国、德国、澳大利亚等。美国方面，2020年12月，美国国会通过了2.3万亿美元的综合支出法案以及《更好的储能技术法案》，授权10.8亿美元用于2021至2025财政年度的储能研究、开发和示范；2021年11月6日，美国政府签署《基础设施投资和就业法案》，授权60亿美元用于支持电池储能行业的供应链发展。根据美国储能检测报告，2021年美国储能装机容量达到14.6GW·h，比2020年多10.8GW·h。到2026年，美国年度储能装机容量预计将比2020年增长9.3倍。德国方面，德国联邦经济事务部正在资助和支持各种储能技术，如机电储能、电力储能、机械储能（抽水蓄能）和高温储热。2020年联邦政府共资助117个电化学储能项目，资助金额为1623万欧元。澳大利亚方面，澳大利亚政府近期发布了《综合系统计划草案》。根据彭博社可再生能源财经公司（BNEF）发布的一份研究报告，全球部署的储能系统装机容量一直在持续增长，2022年共部署了16GW储能系统，同比增长68%。这一增长预计将在未来几年持续下去，并预计到2030年的年复合增长率为23%。欧洲、中东和非洲（EMEA）地区在去年部署了4.5GW储能系统。目前，EMEA地区部署家庭储能系统规模在全球储能市场中占比最大。

得益于电动车制造需求激增，大规模装置存储可再生能源技术的不断发展，作为传统电力供应的后备之选，电池存储成本急剧下降。与此同时，电池存储系统的容量和性能呈指数级增长。彭博可再生能源财经预计，到2050年，5480亿美元将投资到先进的电池容量技术（图1.10），其中41%投向亚太地区，1680亿美元流入欧洲（图1.11）。彭博可再生能源财经还估计, 1291GW 新增容量中, 有三分之二容量属于电网级, 剩余 33%来自家庭和企业的私人装置。

Cumulative global investment in energy storage

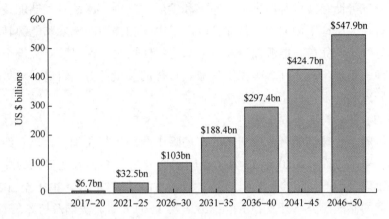

Source: Bloomberg NEF

图 1.10 电池储能投资规模

Battery investments: where will the money go?

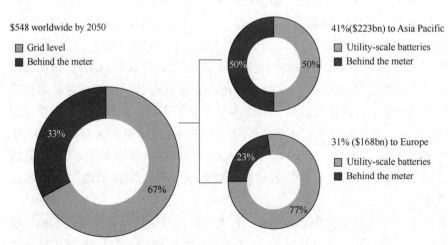

Source: Bloomberg New Energy Outlook 2018

图 1.11 电池储能投资方向

国际能源署和国际可再生能源署研究显示，随着可再生能源发电规模迅速扩大，到2050年全球储能容量规模需求将是目前的300~500倍。储能正日益成为新型电力系统的重要组成部分和关键支撑技术。

（4）全球储能行业市场发展趋势。

伴随全球可再生能源发电的增长和扩大，通过适当整合可变的可再生能源（如太阳能和风能）来维持高效和有效的电网是一个挑战。随着可再生能源渗透率的提高，维持电网的稳定性及可靠性变得越来越有挑战性，成本也越来越高。鉴于此，储能行业发展的必要性也越来越强。由于储能技术成本下降和对可再生能源和电网稳定性的需求增加，预计储能市场在未来几年将大幅增长，而且会出现一些发展趋势。

从储能市场规模来看：根据美国市场研究咨询公司 Grand View Research 的报告，全球储能市场预计 2021—2028 年以 34.5% 的复合年增长率增长。根据伍德麦肯兹的《2021 年全球储能展望》，未来几年全球储能市场预计会大幅增长，到 2035 年达到 741GW/3692GW·h 的市场规模。这意味着 2019—2035 年的复合年增长率为 31%。

从区域储能容量来看：根据彭博可再生能源财经的《2021 年储能市场展望》，亚太地区预计在未来十年内将领先于储能容量增长，到 2030 年总装机容量将达到 117GW。北美和欧洲也有望实现大幅增长，分别拥有 75GW 和 70GW 的装机容量（图 1.12）。未来几年亚太地区将主导储能市场，原因是对可再生能源的需求增加以及政府支持储能部署的倡议。北美和欧洲市场也有望大幅增长，这是由于电动汽车和可再生能源来源的不断采用推动所致。目前中国是全球领先的储能市场，由政府推动可再生能源和电动汽车的倡议驱动。美国也是储能市场的重要参与者，在公用事业规模和"表后"储存系统方面都进行了大量投资。其他领先国家如日本、韩国和德国，也实施了促进可再生能源和储能部署的政策。

从技术分类的储能容量来看：2020 年全球储能投资中，最大份额的投资流向电池储存，特别是锂离子电池，占总投资的 85%。根据伍德麦肯兹的《2021 年全球储能展望》报告，锂离子电池预计将继续成为主导的储能技术，在 2035 年装机容量中占比达 85%。然而，除了锂离子电池外，其他技术如液流电池和固态电池以及抽水蓄能、压缩空气储能等也有望实现显著增长，这是由于它们具有更长的寿命和更高的能量密度潜力所推动的。

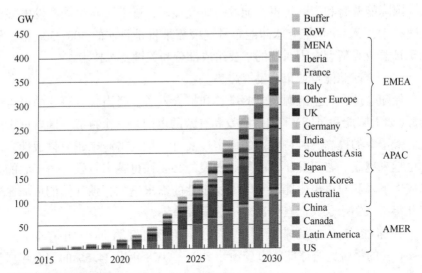

来源：彭博新能源财经。

注： "MENA"指中东和北非地区，"RoW"指世界其他地区。

"缓冲区"代表BNEF由于缺乏可见性而无法预测的市场和用例。

图1.12　全球累计储能装机容量

储能市场的一个趋势是越来越多地使用"表后"（BTM）储能系统，这些系统安装在客户电表的一侧。这使得客户可以通过在电价低时储存过剩能量并在价格高时使用它来减少他们的电费。另一个趋势是在微网中增加储能的使用，微网是自包含、小规模的电力网络，可以独立于主要电力网络运行。对于提供可靠的微网功率而言，储能至关重要。

1.1.5.2　中东储能市场

中东地区拥有丰富的可再生能源，有潜力成为储能的领先地区。储能项目已成为中东国家实现国家可再生能源目标的关键因素，储能解决方案（ESS）已经部署到电网中。

中东地区目前用于储能的技术包括抽水蓄能（PHS）和电化学储能——主要是钠硫和锂离子电池，大多数计划和运营项目位于海湾合作委员会（阿联酋、沙特阿拉伯、卡塔尔、阿曼）国家。中东和北非地区计划在2021~2025年间实施30个ESS项目，总容量/能量为653MW/3382MW·h。其中，24个项目用于可变可再生能源并网和电网稳固。

中东抽水蓄能装机容量中所占份额最大，为55%，而全球份额为90%。阿联酋正在Hatta建设一个250MW的PHS项目（将由迪拜水电局

DEWA 运营）。尽管抽水蓄能在中东的 ESS 中占主导地位，但该技术是非模块化的、资本密集型的，并且与其他 ESS 技术相比效率较低。

中东电化学储能或电池，包括 NaS、锂离子和液流电池，应用越来越受欢迎。中东锂离子电池的存储时间范围为 32~120min，钠硫（NaS）电池为 6h，热存储（熔盐等）电池为 10h。技术成本以及系统需求表明，电池将成为中东地区短期和中期应用的主要储能系统。到 2025 年，电池在中东和北非地区总储能格局中的份额预计将从 2021 年的 7% 跃升至 45%。在所有并网 ESS 项目中，80% 是电池类型。然而，这一份额仅占运行中的 ESS 能源的 7%，相当于 677MW·h，其中大部分安装在阿联酋。目前，NaS 电池技术在中东和北非地区的电池存储容量中占据主导地位，这集中反映在阿联酋的阿布扎比水电局（ADWEA）开发的 108MW/648MW·h 的项目上。锂离子电池在电化学技术中的市场份额增长最快，因为它们在电力系统和交通运输等领域有着广泛的应用。尽管锂离子电池目前属于低成本类型的 ESS，但它在气候温度升高时处于劣势，其效率会下降。另外，中东地区也开始试用其他重要的电池技术，如钒液流电池。液流电池的效率明显低于锂离子电池，但可提供更长的存储时间、更低的退化和更少的安全隐患。

根据储能系统利用报告，中东和北非地区并网 ESS 的应用仍然相对较低，估计运营容量为 1.46GW，而全球为 10GW。中东和北非地区的表前（FTM）应用约占装机容量的 89%，相当于 1.3GW，用户侧表后（BTM）应用估计仅为 11%。与 BTM 应用相比，FTM 应用有望保持主导地位，因为 FTM 占计划并网储能的 96%。海湾合作委员会国家中可再生能源的日益整合将为 FTM 储能应用驱动的额外电力交易创造机会。可变再生能源（VRE）份额不断上升的国家（包括沙特阿拉伯、阿联酋、阿曼）正在出现对电力系统灵活性和容量稳定的需求。在 GCC 中，预计大部分 ESS 部署将是由 VRE 集成和固定驱动的 FTM 应用。

预计中东地区的储能市场在未来几年内将大幅增长。根据 Mordor Intelligence 的一份报告，2021—2026 年中东和非洲地区的储能市场预计以 10.9% 的复合年增长率增长。该报告强调，该地区的增长受到多种因素推动，包括可再生能源采用率不断提高、电网稳定性需求上升以及偏远地区对可靠电力供应的需求。

1.2 沙特减碳及可再生能源市场

1.2.1 可再生能源发展自然条件

　　沙特位于北纬 20°~30°西亚地区的阿拉伯半岛，拥有丰富的阳光资源，平均每年日照可达 2500~3000h，平均日照量达到 2200kW·h/m² 的太阳辐射，使其成为太阳能发电的理想地点(图 1.13)。根据沙特阿卜杜拉国王原子能和可再生能源城的研究数据，沙特的风能集中在东部波斯湾、西部红海沿岸以及西北部地区，沙特大部分地区全年平均风速 6.0~8.0m/s，风力资源较为充足，在全球发展在岸风能潜能排行榜上排名第 13 位。因此，沙特可再生能源发展自然条件优越，尤其是在太阳能、风能开发方面具有良好的自然条件。

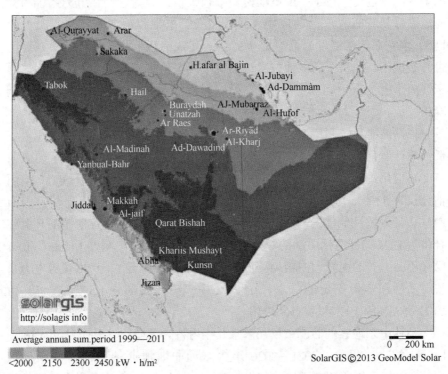

图 1.13　沙特太阳能地图(来源：Solar GIS)

沙特面临着世界能源系统发展清洁化和低碳氢能发展热点化的双重影响，同时其国内的经济多元化发展需求也对其能源结构的调整提出更高的要求，丰富的油气资源储备和优越的清洁能源资源是沙特能源转型发展得天独厚的优势，未来降低自身碳排放，推动清洁能源发展，促进开发利用氢能将成为沙特实现能源转型的重要抓手。

1.2.2　可再生能源发展目标及市场潜力

海湾阿拉伯国家普遍采取了自上而下的绿色发展战略规划与执行体系。其中，沙特阿拉伯的相关规划在成熟度、体系性、前瞻性等方面最为领先，因而最具代表性。

沙特阿拉伯开始认识到发展清洁能源产业的重要性。为了减少对石油和天然气的依赖，沙特在 2016 年发布的"2030 愿景"就提出要大力发展天然气和包括太阳能、风能等在内的可再生能源。随后在"绿色沙特倡议"中，沙特计划到 2030 年实现每年减少 2.78×10^8 t 碳排放，到 2060 年实现温室气体"净零排放"，并致力于推动氢能生产链本地化，成为全球清洁氢能供应商。

沙特自实施"2030 愿景"以来，根据本国的自然条件，制定了可再生能源发展规划目标，大力发展可再生能源，规划包括两个阶段和两大目标：

第一阶段：到 2023 年，实现可再生能源发电装机 27.3GW。

第二阶段：到 2030 年，实现可再生能源发电装机 58.7GW，其中光伏 40GW，风力发电 16GW，光热发电 2.7GW。

根据沙特电力和水电联产管理局统计，2004～2017 年，沙特总发电装机容量由 28GW 增至 62.5GW，年均增长率约为 8%。而根据沙特国家统计局数据，沙特人口数量到 2030 年将达到 3910 万，年均增长率为 16.7%。为满足未来沙特居民的电力需求，到 2030 年，沙特全国发电总装机容量将至少需要达到 122.6GW。发展现状和规划目标之间的差距，使沙特可再生能源市场充满巨大潜力。

1.2.3　可再生能源发展优惠政策

沙特政府制定了一系列优惠政策，鼓励非沙特投资者投资可再生能源领域，主要包括：(1)100% 外资所有权。(2)雇佣沙特籍员工享受沙特国家人力资源发展基金的薪资补贴(男性员工补贴不超过月工资 15%;女性员工不超过 20%。这也是沙特鼓励企业雇佣本地员工就业的措施之一)。(3)用于项目的原材料和永久性设备可申请进口关税豁免,部分机械设备使用完再出口可申请退税。(4)项目用地租金补贴。

1.2.4 可再生能源市场建设

1.2.4.1 政府参与情况

沙特政府高度重视可再生能源市场建设,领导、协调、参与者包括如下重要政府机构和部门:

(1)最高决策机构:2020 年,沙特内阁组建电力生产和可再生能源推进能源事务最高委员会,负责沙特可再生能源事务和该领域本地化规划执行。作为领导和协调可再生能源事务的最高政府机构。

(2)规划和研究中心:沙特阿卜杜拉国王原子能和可再生能源城(KA-CARE),负责沙特范围内可再生资源分布研究,包括太阳能、风能、地热等。沙特能源部下属的阿卜杜拉国王能源研究中心(KAPSARC),能源电力转型是其研究重点方向之一。

(3)几大部门:沙特能源部可再生能源项目发展办公室、沙特公共投资基金、沙特电力和热电联产管理局、沙特购电公司,分别负责可再生能源项目公开招标、大型可再生能源项目投资开发和竞争性谈判合作、沙特可再生能源电力市场监管和可再生能源投资项目电力回购协议签订。通过政府部门的明确分工和协作,沙特可再生能源领域形成了比较完整的投资开发运营和监管链条,在沙特 PPP 法律、可再生能源专门法律等尚未出台的情况下,有效划定了投资者和政府的权利义务。

1.2.4.2 市场模式

从项目招投标执行情况来看,沙特可再生能源项目已经形成了相对公平、公开和公正的市场模式。根据沙特国家可再生能源发展规划,2030 年规划可再生能源发电装机 58.7GW,其中 30%(17.61GW)通过公开招标进行,目前已完成前两轮招标,第三轮正在进行中;70% 则通过邀请开发商进行竞争性谈判进行。

1.2.4.3 商业模式

沙特可再生能源项目开发目前有两种商业模式:

（1）项目通常以 IPP（独立发电厂）模式公开招标，中标开发商（联营体）与沙特购电公司签署 20~25 年 PPA。公开招标项目由沙特能源部可再生能源项目发展办公室负责，招标流程大致如图 1.14 所示。其中，资格预审时间一般为 1~2 月，而投标时间为 4~6 月。

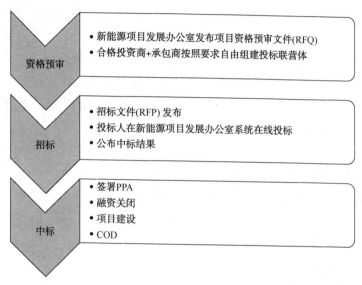

图 1.14 沙特可再生能源项目招标流程

（2）通过竞争性谈判模式完成。由沙特公共投资基金（PIF）负责的大型可再生能源投资开发项目通过竞争性谈判完成。对规划项目，由 PIF 旗下的全资公司 Badeel 统筹邀请意向开发商进行合作谈判或非公开招标，达成一致后由 PIF 与开发商共同投资进行项目开发。PIF 制定了到 2030 年之前开发沙特 70% 的可再生能源产能的目标，该基金在沙特国内每年的投资任务是 400 亿美元。目前只有一个 Sudair 1.5GW 光伏项目正在执行。

从沙特已招标的可再生能源项目来看，具有以下共同特征：

（1）超过 100MW 的大型项目必须由国际开发商担任联营体牵头方（leading managing member），100MW 以下的项目沙特本地开发商可以担任联营体牵头方。

（2）项目执行有相较于企业日常运营期间更为严格的本地成分要求，沙特已进行或在进行的三轮可再生能源项目招标，都在 RFQ 和 RFP 中明确规定了项目执行期间项目公司本地成分比例不得低于 17%，进入运营期后，本地成分需要分阶段提升，满足更为严格的沙化率要求（对于外资企业来说，意味着更多的属地化管理和可能的成本提升）。

（3）竞标过程相对传统项目更加公平、公正、公开，因此竞争也更加激烈。通过三轮公开招标，通过资审的企业从 2017 年的 27 家（光伏）和 24 家（风电）增加至 2019 年的 60 家和 2020 年的 49 家，沙特本土企业数量也逐年增加（2020 年通过资审企业 28 家）。到 2019 年 1 月，沙特启动总投资 15.1 亿美元、装机总量 1.51GW 的 7 个光伏发电项目招标时，共有 256 家公司积极响应和参与，其中包括 100 家沙特本地企业。而中国的光伏企业如协鑫可再生能源、晶科、特变电工等均有入围。显示出更多开发商和承包商对沙特可再生能源市场的适应性增强。

（4）资金模式创新。以 2017 年开始招标、2019 年初宣布授标的沙特第一个 400MW 大型风电项目为例，开发商法国 EDF 和阿联酋马斯达尔通过 20 年期软性再融资贷款成功完成项目融资。以新手段、多渠道、低成本获得项目融资的能力，成为包括沙特在内的中东可再生能源市场开发商获取项目的核心竞争力之一。

1.2.4.4 市场发展困境

（1）发展速度慢：根据沙特王储穆罕默德·本·萨勒曼在出席沙特 300MW 光伏发电项目正式运营仪式上的公开讲话，自可再生能源发展计划实施以来，沙特共有 2 个项目进入商运或正在施工，7 个光伏发电项目已完成 PPA 签署，总装机容量为 3.67GW。

（2）商业模式问题：公开招标的项目进展较为顺利，而由 PIF 负责的大型投资项目，则由于项目规模超大、PIF 前期缺少专业对接机构、开发商观望等问题而未形成行之有效的商业模式。未来则可能会仿照迪拜水电局采取的联合开发模式，由 PIF 旗下可再生能源投资企业牵头和国际开发商共同投资开发，共担开发风险，提升开发效率。

总而言之，沙特可再生能源市场未来可期，也充满挑战。

1.2.5 CCUS 市场动态

沙特计划到 2060 年实现温室气体"净零排放"，沙特阿美石油公司承诺到 2050 年实现二氧化碳排放量为零的目标，此目标比该国 2060 年实现零排放的目标提前了 10 年。

沙特阿拉伯正建造一座清洁煤发电厂，计划使用先进的煤气化技术和燃烧前捕集技术来捕集煤燃烧排放的二氧化碳。该发电厂位于吉赞市，装机容量为2400MW，预计可捕集二氧化碳 $250×10^4$ t/a。该项目始于2018年，是沙特阿拉伯实现能源结构多样化和减少对石油依赖所采取的行动之一。该项目由沙特国际电力与水务公司和中国的哈电集团共同开发。捕集到的二氧化碳通过管线输送到附近的油田，再注入油藏用来提高石油采收率。

沙特阿拉伯使用的CCUS技术主要应用在提高石油采收率（EOR）和提高天然气采收率（EGR）方面，其中Uthmaniyah CO_2 提高石油采收率（EOR）示范项目就是一个很好的例子，该项目目标是评估在油藏成熟区利用二氧化碳提高石油采收率，同时封存二氧化碳的适用性。该项目于2015年7月开始运营，每年从Hawiyah液化天然气（NGL）回收厂捕获、压缩和脱水 $80×10^4$ t 二氧化碳，通过管道输送到大约70km外的加瓦尔油田（世界上最大的油田）的Uthmaniyah区域，并以 $4000×10^4$ ft^3/d 的速度注入油藏，以保持其压力并提高石油采收率，最后当油藏废弃时将部分二氧化碳封存于此。

该项目采用溶剂碳捕集技术。它是一项新兴的技术，适用于从工业生产过程中捕集二氧化碳。该项目将在减少温室气体排放和提高原油采收率方面发挥重要作用。

另外，沙特基础工业公司（SABIC）和巴斯夫、林德共同开发并推广蒸汽裂解装置电热解决方案。蒸汽裂解装置在基础化学品的生产中扮演着关键角色，为将碳氢化合物裂解成烯烃和芳烃，相关裂解反应的发生需要炉内温度达到约850℃，能耗极大。目前业内主要依靠化石燃料的燃烧来完成升温。通过将该加热环节的供能方式转换为电力，本项目有望切实减少二氧化碳排放。尤其当采用可再生电力能源时，这一革命性新技术有望实现高达90%的减排比例。该技术应用位于朱拜勒的蒸汽裂解装置的CCS设施每年捕获约 $50×10^4$ t 二氧化碳用于尿素和甲醇生产。

2022年8月，沙特阿美、斯伦贝谢和林德集团签署了一项联合开发二氧化碳封存项目协议，计划从2026年起永久封存二氧化碳，其封存设施为全球最大同类设施之一。该公司寻求捕获在天然气制氢等工业活动过程中排放的二氧化碳，并将二氧化碳永久封存在地下深处的枯竭油气藏中。该项目一期工程位于沙特阿拉伯东海岸的工业城市朱拜勒附近，每年将能够储存 $(500\sim900)\times10^4$t 二氧化碳，相当于 $(100\sim200)\times10^4$ 辆燃油乘用车一年的碳排放量。到 2035 年，每年可安全封储 4400×10^4t 二氧化碳。此碳封存项目是沙特阿美计划 2030 年成为"世界级"氢能供应商愿景的一部分。从 2010 年起，沙特阿美就开始探索各种碳捕集方法，目前，沙特阿美已经成为油气行业碳强度最低的公司之一。2020 年，沙特阿美上游平均碳强度约为 10.5kg/bbl 油当量，远低于世界平均碳排放强度 27kg/bbl 油当量。

2022 年 12 月，沙特阿美公司与艾斯本科技公司合作碳捕集和利用项目，艾斯本提供建模和优化解决方案。艾斯本公司的方案将在沙特阿美与韩国科学技术院合作的基础上，评估最有前途的碳捕集和利用路径，同时考虑经济、工艺设计、运营限制条件和二氧化碳减排。艾斯本的最终解决方案将可帮助沙特阿美公司优化碳捕集和利用项目的各种配置，评估能源成本、碳减排费用、原材料和产品成本的不确定性所带来的影响，并制定短期、中期和长期的生产和经营计划，包括如何选择最佳的碳捕集与利用方式来实现盈利能力和可持续性发展。

1.2.6 太阳能、风能发电市场动态

沙特根据国家可再生能源计划（NREP），将 2023 年可再生能源目标从 9.5GW 大幅提高至 27.3GW，其中包括 20GW 的光伏发电和 7.3GW 的风电。此外，2030 年远景规划设定更加宏伟的目标，到 2030 年可再生能源达到 60GW，其中包括 40GW 光伏发电，2.7GW 的光热发电，成为摆脱石油依赖和推动经济多元化的重要举措。沙特已将发展太阳能产业作为减少国家对石油依赖的重要抓手之一，计划至 2030 年在可再生能源项目上投资 500 亿美元，生产全球 50% 以上的太阳能，成为最大、最重要的清洁太阳能生产国和出口国之一。

为实现这一目标，政府已经启动了多项倡议和计划，以促进沙特太阳能项目的开发。

2018 年，沙特阿拉伯启用了其第一个聚光太阳能发电技术电站 100MW 的 Noor Energy 1，预计每年可为 9 万户家庭提供电力，并抵消 237×10^4t 二氧化碳排放。

2018 年 11 月，沙特首个公用事业规模的太阳能光伏项目开工建设，

全部采用华为公司的智能光伏解决方案。

2021 年 4 月，沙特正式启动苏德尔（Sudair）太阳能产业园项目，系沙特迄今规模最大的太阳能发电项目，总投资额 9.07 亿美元，设计发电容量约为 1.5GW，项目完工后可满足 18.5 万户居民用电需求。

2021 年，达马德·贾达尔风电站已开始试运行，装机容量为 400MW，是沙特首个大型风电项目，也是中东地区最大风能发电站。

2021 年沙特王储宣布签署的 7 个光伏电站 PPAs 中有 6 个来自推迟的第二轮 REPDO（可再生能源发展办公室）投标。随着 ACWA 主导的 1.5GW Sudair 项目的加入，这 7 个项目将贡献约 3GW 的光伏装机。

2022 年，隆基绿能已经完成了 Red Sea 红海新城 406MW 光伏项目的组件顺利交付，今后将继续为 Sudair 1800MW 项目提供光伏组件。

2022 年 11 月 30 日，ACWA Power 与 Badeel 签署了一项协议，在麦加省吉达市 Al Shuaibah 地区建造世界上最大的单站点太阳能发电厂。由中国能源建设国际集团、广东热电和西北研究院共同承建。该太阳能发电设施预计将于 2025 年底开始运营，发电能力为 2.6GW。

2023 年 1 月，晶科科技牵头的财团已获得合约，在沙特国家可再生能源计划（NREP）第三轮下，开发 300MW 萨德光伏（PV）太阳能独立发电商（IPP）项目。与此同时，包括晶科电力达夫拉控股在内的晶科电力财团与沙特电力采购公司（SPPC）签署了为期 25 年的购电协议（PPA）。该项目总投资约 2.13 亿美元。

沙特光电市场竞争激烈。2021 年 4 月，沙特王储的一份声明中透露，600MW Al Shuaiba PV IP 项目以 $0.0104/kW·h 的价格签订 PPA，成为新的世界纪录。

沙特的光伏发展完全是靠公用事业项目推动的，屋顶光伏的潜力也正在显示出来。目前，沙特阿拉伯 50% 的电力消耗来自住宅，其中 70% 用于冷却需求。这在电力消耗和光伏发电之间创造了一个极好的匹配。2020 年，沙特颁布了一项法律，允许安装 2MW 以内的屋顶光伏，这将带来吉瓦级的市场。

可再生能源产业是沙特的新兴产业，市场机遇较多，很多环节尚属空白。在太阳能产业链上，就硅片而言，沙特企业已可生产多晶硅片，但尚不能生产防反射涂层表面和全金属基板。就模组而言，沙特企业已掌握浮法工艺，但尚不能生产太阳能级超白玻璃、太阳能级轧花玻璃。就抛物面镜而言，沙特企业已掌握浮法工艺、银涂层、保护层、干燥等工艺，可生产相应产品，但尚不掌握弯曲(bending)和硬化(tempered)。在风能产业链上，就风机机组叶片组装而言，沙特企业完全不掌握机壳制造、环氧树脂注胶、热弯曲、胶粘、打磨和喷漆等技术。就集电系统而言，沙特企业已可生产钢管和玻璃管，并可进行焊接，但尚不具备防反射涂层、溅镀除气膜(getter)生产能力。就逆变器而言，沙特企业已可生产控制卡、滤波器和电源电气，但尚不具备配电板生产能力。中资企业在风能和太阳能储能领域具备一定优势，可提供设备产业链上和高效能源存储解决方案。

　　总体来说，沙特阿拉伯的太阳能未来前景光明，政府致力于可再生能源，并为太阳能发电创造了有利条件。此外，沙特还推出了多项举措，鼓励在家庭和企业中使用太阳能。例如，沙特电力公司(SEC)推出了一项净计量计划，允许客户自己生产太阳能，并将任何多余的电卖给电网。

1.2.7　氢能市场动态

　　海湾阿拉伯国家普遍采取了自上而下的绿色发展战略规划与执行体系。其中，沙特与阿联酋的相关规划在成熟度、体系性、前瞻性等方面最为领先，因而最具代表性。

　　沙特将在全球绿色氢能中心争夺战中占有重要的一席之地。2020年7月，沙特国际电力和水务公司(ACWA)与美国的空气产品(Air Products)公司签署了一项50亿美元的合资协议，启动沙特太阳神绿色燃料(Helios Green Fuels)项目(图1.15)。该项目利用太阳能和风能生产绿氢(使用可再生能源制造的氢气)，计划于2025年投产运营，一旦投入使用，该设施打算整合4.3GW的可再生太阳能和风能，计划白天使用太阳能，晚上使用风能，利用电解技术生产多达650t/d的绿色氢气，然后将其与从空气中分离生产出的氮气混合，生产$120×10^4$t/a的氨作为绿色氢的载体，运往世界各地，用于生产运输市场的绿色氢气。Air Products还计划投资20亿美元建设配送基础设施，包括将氨转化为氢气的仓库。该项目已完成了场地平整工作并进入建设阶段。彭博可再生能源财经(BNEF)估计，到2030年，Helios的成本可能达到$1.5/kg，远低于绿氢$5/kg的平均成本，甚至低于从天然气裂解中获得的灰氢的成本。虽然其他地方生产绿氢的成本很高，但是沙特拥有丰富的太阳能资源和风能资源以及大量的土地等独特优势，其绿氢生产成本也不会太高。随后，在 2020 年 9 月沙特阿美与沙特基础工业公司合作，在日本经济产业省的支持下，向日本示范出口了世界上第一批 40t 蓝氨。

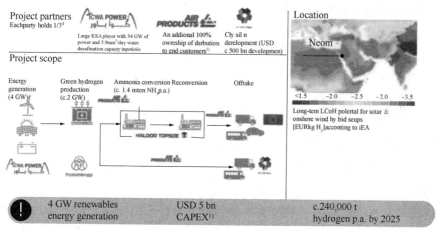

图 1.15 沙特太阳神绿色燃料项目(来源：Air Products，IEA)

2021 年 3 月，沙特阿美表示，计划在未来几年斥资 1100 亿美元开发美国以外最大的页岩气项目 Jafurah 气田，而该气田产出的并不会被冷却作为液化天然气出口，而是将其用于制造更清洁的燃料：蓝色氢。这标志着沙特阿美已经放弃其液化天然气的发展计划，转向发展氢气。与此同时，沙特石油和天然气巨头沙特阿美与日本最大的炼油企业新日本石油公司(ENEOS)、韩国现代重工控股集团(HHIH)、泰国国有能源公司 PTT 开展了一系列合作，进行低碳及无碳氢和氨供应链开发，以加快发展氢生产、运输和销售业务。

沙特阿拉伯能源部长阿卜杜勒阿齐兹·本·萨勒曼·沙特王子于 2021 年 10 月表示，沙特打算成为世界上最大的氢气生产国和出口国。利雅得希望主导一个氢能市场。市场预测，到 2050 年，氢能市场的价值可能超过每年 1 万亿美元。沙特对成为全球杰出氢能企业的期望，在很大程度上取决于在未来城市 NEOM 建造的价值 50 亿美元的 Helios 绿氢工厂。

沙特能源大臣表示沙特计划到 2035 年生产和出口约 $400×10^4$ t 氢气能源，有望成为全球最大的氢能供应来源。2021 年底，沙特与美国 Hyzon Motors 和法国 Gaussin 签署合作协议，共同推动氢燃料卡车沙特本地生产。2022 年 1 月，沙特能源部与其国内单位签署 8 项合作协议，联合推动氢燃料汽车、氢燃料公共汽车和列车、可持续航空燃料在沙特的项目试点。国际能源署等国际研究机构和智库部门均认为沙特氢能开发前景广阔，未来将成为世界氢能生产的主要地区之一，同时凭借其优越的地理位置，完善的能源产业基础和能源贸易体系，沙特将可能成为世界最大的氢能供应国。

截至 2022 年 9 月，沙特与阿联酋已向日本、韩国出口了四批试运氨。随着 CCUS 技术的不断推广，预计沙特的蓝氢生产成本将从 2022 年的 \$1.34/kg 下降到 2030 年的 \$1.13/kg，较欧洲等技术先发地区更具竞争力，出口前景也更为广阔。

2022 年 1 月 31 日，沙特能源部长称，沙特未来几年将投资高达 2666 亿美元产生"清洁能源"。2022 年 3 月 7 日，沙特舒拉委员会批准了沙特能源部和中国国家能源局在清洁氢能领域的谅解备忘录（MoU）草案。2022 年 12 月 8 日，在两国领导人的见证下，中沙两国就氢能合作签署政府间协议和谅解备忘录。中沙两国在应对气候变化、能源绿色转型方面有着共同的愿景，可实现氢能产业链多要素优势互补，共同打造世界氢能产业高地。沙特决心成为氢的主要出口国，并为重工业提供绿氢，以具有竞争力的价格生产绿色钢铁、绿色铝、化肥等绿色产品。

1.2.8 地热能市场动态

沙特近些年努力发展太阳能发电，但是成本依旧相对较高，而地热开发相对来说长期成本较低，投资回收快。而沙特地区本身钻井技术相当成熟，开发地热资源有设备和技术优势。而且在沙特阿拉伯西北部地有火山地区，具有开发地热资源的自然条件。2021 年 11 月，沙特阿拉伯可再生能源发展部门计划开发地热资源，规划 1GW 的地热发电，在开发太阳能和风力发电的基础上，这项规划是沙特阿拉伯能源发展的又一项重要举措。

2023 年 3 月阿布扎比国家能源公司与雷克雅未克地热（Reykjavik Geothermal)公司签署合资协议,两家公司将在沙特阿拉伯利雅得创建 TAQA 地热能源合资企业,旨在创造 1GW 的产能,将寻求在沙特阿拉伯以及中东和北非地区的其他地方勘探和开发地热资源。新合资企业旨在利用沙特阿拉伯丰富的中低熵资源开发大规模直接利用地热冷却和海水淡化项目。

1.2.9 储能市场动态

沙特阿拉伯是一个快速发展的国家,正在大力投资于可再生能源和储能系统。该国设定到 2030 年其电力的相当一部分来自可再生能源,计划开发 58.7GW 的可再生能源容量,这将需要大量的储能容量来确保电网稳定性。以下是沙特阿拉伯正在开发中的一些储能系统。

1.2.9.1 抽水蓄能水电站(PSH)

该国已宣布计划在本国西部地区建造一个 2.6GW 的抽水蓄能水电站。预计该项目将储存白天产生的多余可再生能源,并在高峰时释放,确保电网稳定性和可靠性。

1.2.9.2 电池储能系统(BESS)

沙特阿拉伯正在开发多个电池储能系统,其中包括由 ACWA Power 与沙特电力公司合作开发的 100MW/400MW·h 锂离子电池项目。另一个是 EDF Renewables 与沙特阿拉伯 Masdar 合作开发的 50MW/200MW·h 电池储能系统项目。

1.2.9.3 热能储存(TES)

沙特阿拉伯也在探索热能储存系统,这些系统可以在白天集中太阳能发电时储存多余的热量,并在高峰期释放。其中一个是由 ACWA Power 和中国上海电气合作开发的热能储存系统,该系统使用熔盐作为储存介质。

1.2.9.4 氢能储存

沙特阿拉伯也在探索氢能储存系统,将多余的可再生能源以氢的形式储存,并在需要时将其转化为电力。其中一个是由沙特阿拉伯 NEOM 与西门子能源合作开发的氢储存项目。NEOM 是沙特阿拉伯西北部地区一个计划中的跨境城市,旨在成为一个可持续技术和可再生能源中心。因此,NEOM 有望在该地区的储能系统发展中扮演重要角色。以下是关于 NEOM 储能系统的一些见解:(a)NEOM 设定了目标,要实现 100%可再生能源供电,并且预计储能系统将在实现这一目标方面发挥至关重要的作用。该城市计划开发 9GW 的风力和太阳能产能，这将需要大量的储能能力来确保电网稳定。(b)储能技术：NEOM 计划探索各种不同类型的储能技术，包括锂离子电池、液流电池和热能储存系统。该城市还正在探索使用创新型的基于重力原理的系统等先进技术支持其可再生能源目标。(c)合作伙伴：NEOM 已经与多家全球公司合作开发创新型的储能解决方案。例如，NEOM 已与西门子能源合作开发基于氢的储能系统，预计将储存过剩的可再生能源并将其转化为氢，用于各种应用，如交通和发电。(d)该城市计划探索各种储能技术，与全球公司合作，并投资于研究和开发，以开发创新的储能解决方案。2021 年 10 月，华为数字能源技术有限公司与中国山东电力建设第三工程有限公司成功签约 NEOM 储能项目，该项目是 NEOM项目里关于能源供给的分项目，开发商为沙特国际电力和水务集团下属的阿克瓦电力公司，EPC 总承包方是中国山东电建三公司。该项目储能规模达 1300MW·h，这是迄今为止全球规模最大的储能项目，也是全球最大的离网储能项目。华为数字能源在该项目中提供光储整体解决方案，包括1300MW·h 储能系统、储能变流器、通信及管理系统，同时参与方案设计、电网仿真及相关设计咨询服务。NEOM 项目是列入沙特"2030 愿景"规划中的重点项目，可持续发展是该项目最重要的目标之一，未来整个项目的电力将 100% 来自可再生能源。

总之，沙特阿拉伯正在探索各种储能技术，包括抽水蓄能水电站、电池储能系统、热能储存和氢能储存，以支持其可再生能源目标。这些项目将在确保电网稳定性和可靠性方面发挥关键作用。

1.3　阿联酋减碳及可再生能源市场

1.3.1　可再生能源发展战略

一直以来，石油资源丰富的阿拉伯联合酋长国(UAE)政府高度重视发展包括太阳能、风能在内的可再生能源，加速本国的能源转型。

(1)阿联酋国家可再生能源发展战略。

2017 年，阿联酋发布国家 2050 能源战略(Energy Strategy 2050)，成为阿联酋积极发展可再生能源的第一个国家级统一战略规划。2021 年 10 月，阿联酋副总统、总理兼迪拜酋长谢赫穆罕默德·本·拉希德·阿勒马克图姆正式推出"2050 年净零碳排放战略倡议"，宣布阿联酋将在可再生能源领域投资超过 1630 亿美元，目标是到 2050 年实现温室气体净零排放，由此，阿联酋也成为中东产油国中首个提出净零碳排放战略的国家。到 2050 年将全国清洁能源供应比例从 25% 提升至 50%，其中可再生能源占比 44%，同时将电力生产过程的碳排放量减少 70%，从而节约 1900 亿美元。规划还计划将阿联酋个人及企业用户用电效率提升 40%。预计到 2025 年，阿联酋可再生能源产能年均复合增长率将超过 31%，可再生能源发电占比将从2020 年的 7% 增加到 2030 年的 21%，到 2030 年将可再生能源增加到该国总能源结构的 10% 和总发电量的 25%，通过避免化石燃料消耗和降低能源成本，每年可节省 19 亿美元，向可再生能源的过渡每年可额外节省(10～37)亿美元。

阿联酋马斯达尔研究所和阿联酋外交部能源与气候变化局与国际可再生能源机构(IRENA)的共同努力对阿联酋可再生能源前景进行了分析，编写了可再生能源发展路线图 REmap 2030 报告阿联酋部分，REmap 是 IRENA 将可再生能源在全球能源结构中的份额翻一番的路线图。

（2）阿布扎比可再生能源发展战略。

2006 年，阿布扎比未来能源公司(Abu Dhabi Future Energy Company) 成立，依托于该公司，阿布扎比正式启动中东地区首个碳中和和零废弃物城市——马斯达尔(Masdar) 新城建设。阿布扎比未来能源公司由阿布扎比主权基金穆巴达拉投资设立，专注于全球可再生能源业务的投资开发，同时负责位于阿布扎比境内的未来能源城市试点马斯达尔新城的投资、建设和运营。

2009 年，阿联酋促成国际可再生能源组织(IRENA)总部落户阿布扎比（该组织于 2015 年入驻马斯达尔新城）。

2021 年初，阿布扎比国家能源公司(TAQA)宣布向可再生能源转型策略，作为其 2030 发展战略的重要部分，该计划包括三个关键点：

到 2030 年，TAQA 电力供应中的可再生能源发电比例由 5% 提升至 30%。

将本公司在阿联酋国内发电总装机从 18GW 提升至 30GW，境外发电装机总量增加 15GW。

计划投资 108 亿美元，提升和完善输电和配电设施，匹配发电增长需求。

（3）迪拜可再生能源发展战略。

2015 年 11 月，迪拜酋长穆罕默德·本·拉希德·阿勒马克图姆公布"2050 迪拜清洁能源战略"，包括两大主要目标和五大战略支柱：

① 两大主要目标：到 2050 年，迪拜清洁能源供应比例达到 75%；将迪拜打造为全球清洁能源和绿色经济中心。

② 五大战略支柱：基础设施：打造穆罕默德·本·拉希德太阳能产业园，计划到 2030 年完成 5GW 太阳能发电装机，总投资 100 亿美元。法制建设：分两步完善能源相关的法律制度和支持政策。资金支持：成立 270 亿美元的迪拜绿色基金（Dubai Green Fund），为在迪拜清洁能源领域的投资者提供便捷、低廉的资金支持。产能与技能：通过与国际组织、研究机构合作，培养迪拜清洁能源领域的合格人才。能源目标：2030 年的能源供应组合目标为太阳能 25%，核能 7%，清洁燃煤 7%，天然气 61%。2050 年清洁能源供应比例达到 75%，迪拜建成世界上第一座低碳经济城市。

2020 年 5 月，迪拜水电局（DEWA）发布公告称，迪拜清洁能源供应比例已经达到 9%。该比例已经超过了迪拜清洁能源战略 2050 设置的目标，即 2020 年清洁能源比例为 7%，2050 年达到 75%。

2020 年，迪拜水电局发电总装机 11700MW，其中 1013MW 为光伏发电，集中分布在穆罕默德·本·拉希德太阳能产业园（MBR）（全球最大的太阳能产业园，开始于 2012 年，由迪拜水电局负责管理）。

1.3.2　当前的政策框架

目前阿联酋联邦还没有统一的能源发展政策。根据阿联酋宪法，各个酋长国在能源和资源的管理和监管方面拥有自主权。迄今为止，只有少数能源法规已联邦化。然而，人们越来越认识到酋长国之间需要协调、一致和共同投资。因此，能源部率先牵头制定国家战略，预计将涵盖不同供应技术的部署、需求方干预和能源系统标准等组成部分。值得注意的是，迪拜于 2011 年成立了迪拜最高能源委员会，这是该国最集中、最正规的能源决策机构。

在可再生能源政策方面，最相关的是电厂的竞争性招标。传统上，项目由政府发起并进行竞争性招标，并与获胜者协商电价（最初高于燃气发电的电价）。政府通常保留该项目的多数股权，而独立电力生产商则持有剩余部分。例如，Shams 1 的股权分配给国有 Masdar(60%)、Total(20%)和 Abengoa(20%)。该关税由财团与阿布扎比公用事业公司(ADWEA)商定，并经监管局批准。迪拜已经宣布了一个鼓励屋顶太阳能光伏发电的计量框架，最新的建筑规范要求新建筑通过太阳能满足75%的热水需求。在阿布扎比为阿联酋国民提供政府资助的别墅需要太阳能热水，相当于他们需求的50%~80%。太阳能热水器也可用于满足新建筑强制性 Estidama 绿色建筑规范的部分要求。2017年，阿布扎比政府开始出台政策，允许政府和商业建筑屋顶安装太阳能发电装置，预计节省25%用电量。

随着光伏发电在电网中占比提高，预计阿联酋的相关法规将扩大对小规模、储能及计时电价的适用范围。对公用事业规模的招标，将规定指定容量的储能。这些法规都将使电网更好地利用现有的分布式能源，从而更加经济可靠的运行。

1.3.3 CCUS 市场动态

阿联酋采用 CCUS 技术主要用于提高石油采收率(EOR)和提高天然气采收率(EGR)方面。

阿布扎比国家石油公司(ADNOC)2018 年宣布大量发展碳捕集、利用与封存(CCUS)技术，使二氧化碳提高的石油采收率能在未来十年实现 6 倍增长。该公司在一份声明中表示，安全封存在地底的温室气体体积相当于每天超过 100×10^4 辆机动车排放的二氧化碳体积。

ADNOC 的 Al Reyadah 项目，即阿布扎比 CCUS，位于 Mussafah 陆上，是世界上第一个从钢铁行业捕获 80×10^4t 二氧化碳的商业规模 CCUS 设施。在 2009 年和 2012 年成功进行 CO_2-EOR 试点后，第一阶段于 2016 年投入运营，该项目从位于 Musaffah 的 Emirates Steel 生产设施使用燃烧后捕集技术，将燃料燃烧后产生的二氧化碳捕集起来、压缩和脱水高达 90% 的二氧化碳，并通过 43km 的地下管道运输和注入二氧化碳用于陆上 Rumaitha 和 Bab 油田的 EOR。第二阶段正在进行中，目标是从 2025 年起从天然气处理设施中再捕获 230×10^4t，也用于 EOR。第三阶段计划每年从另一个天然气处理设施中捕获额外的 200×10^4t。ADNOC 认为碳捕集、利用与封存技术不仅对环境有益，而且有良好的商业意义。

阿布扎比国家石油公司与阿曼 44.01 公司、富查伊拉自然资源公司和

马斯达尔公司合作，启动了中东首个碳捕集和矿化利用项目。该项目于
2023年1月正式启动，计划从空气中捕集二氧化碳，然后注入富查伊酋
长国的橄榄岩地层矿化形成岩石。其中，阿曼44.01公司的任务是利用其
自主研发的碳捕集和矿化技术永久性矿化封存二氧化碳，此技术获得了英
国颁发的地球奋斗奖。该项目用电使用太阳能，项目试运行中将有数十亿
吨捕集的二氧化碳注入地层矿化封存。阿布扎比国家石油公司在该项目中
投资150亿美元，旨在减少碳排放和实现2050年零碳排放的目标。

1.3.4 太阳能、风能发电市场动态

可再生能源在阿联酋正处于上升轨道。预计到2050年，阿联酋将有
50%的电力来自无碳能源，主要是光伏发电。可再生能源的发展势头始于
2008年，当时阿布扎比在该地区率先设定了到2020年实现7%的可再生能
源发电容量(约1500MW)的目标，计划到2026年装机容量达到5.6GW。
迪拜随后还宣布了一个目标到2030年5%的可再生能源电力消耗(约
1000MW)，到2050年75%的发电量都来自可再生能源。尽管区域和国际
上对碳氢化合物出口国使用可再生能源的可能性存在疑问，但阿联酋对可
再生能源的部署和推广对其产生了显著的正常化效果。

阿联酋的太阳年辐照总量为7920MJ/m^2，技术开发量每年约2708TW·h。
迄今为止，太阳能开发利用一直是阿联酋努力的主要焦点。阿布扎比见证
了中东有史以来最大的可再生能源项目100MW Shams 1 CSP电厂的调试，
迪拜启动了13MW的太阳能光伏发电项目，作为最终1000MW的穆罕默
德·本·拉希德·阿勒马克图姆项目的第一阶段迪拜的太阳能公园。2014
年8月，迪拜对同样位于园区内的100MW光伏项目进行了招标。同年11月
公布的招标结果打破了成本竞争力的世界纪录，最低出价为$0.0598/kW·h。
大约10MW以上的屋顶光伏也分布在全国各地，并可能随着迪拜的新计量
法规和阿布扎比的布线法规的批准而进一步扩大。阿联酋也在考虑利用太
阳能进行海水淡化。2014年5月，马斯达尔签署了4个使用高能效膜技术
每天生产约1500m^3水的试点项目的合同。它们为可再生能源为大规模电力
驱动的海水淡化提供动力铺平道路。一般来说，由于成本和资源可用性，
太阳能光伏发电越来越被视为近期内阿联酋最具吸引力的技术。太阳能集
热器的热水也可在商业上使用，有非常重要的未开发潜力。

就光伏装机和可再生能源目标而言，阿联酋一直走在海湾地区的前沿。目前，阿布扎比运营着世界上最大的光伏电站 1.2GW 的 Noor Sweihan 项目，自 2019 年并网至今持续向电网供电。晶科能源和日本丸红株式会社组成的联合体于 2016 年 9 月以 \$0.0242/kW·h 的报价中标了该项目，并与阿联酋水电公司签订了 25 年的 PPA。

阿联酋另外一个巨型项目是 2GW 的宰夫拉（Al Dhafra）电站。作为中标者之一，晶科电力与阿联酋水电公司（EWEC）正式签署了为期 30 年的电力收购协议（PPA）。该项目竞标时，晶科电力与法国电力公司（EDF）组成的联合体，给出了 \$0.0135/kW·h 的历史低价。该电站原计划于 2022 年下半年投入使用，建成后的宰夫拉光伏电站将成为全球最大的单体太阳能发电站。根据测算，该电站可满足约 16 万户阿联酋家庭的用电需求，每年减少碳排放超过 360×10^4t，阿布扎比的光伏装机总容量也将随之提升到 3.2GW。根据阿布扎比政府制定的计划，到 2026 年太阳能光伏发电能力将达到 5.6GW。

在迪拜，公用事业规模的多个大型电站围绕在马克图姆太阳能园区（MBR solar park）附近，分阶段进行建设。一旦全部建成，整个太阳能与园区的总装机量将达到 5GW。这些项目由迪拜水电局持有大多数股权。可以看到每个阶段的装机容量都在持续增长，而电价则一直在下降。第四期电站将包含大量的聚光太阳能（CSP）。

据悉，北部的几个酋长国也有兴趣参与阿联酋水电公司的项目，并设定了 100MW 的项目目标。

阿联酋国内的风电项目进展一直相对缓慢。主要原因有两点：（a）阿联酋国内具备风力发电项目建设条件的地点较少，项目经济可行性较差；（b）其他可再生能源规划建设速度较快、经济性好、影响力大，变相影响了风力发电规划建设的进度和热情。

阿联酋在富查伊拉酋长国的印度洋海岸线上拥有商业品质的风能资源，但土地使用问题阻碍了 AlHalah 山区建设总装机容量达 103.5MW 的风电开发。马斯达尔也在阿布扎比境内一直选定风电项目建设场所，初步选址为 Sir Bani Yas Island，计划建设 30MW 风电场项目，但因为风速问题，一直未有实际进展。

2019 年 7 月，迪拜水电局公布 Hatta 风电项目可研招标，该项目或成为阿联酋第一个风电项目，目前暂无进展。

只有阿联酋北部山区 Liwa 地区发展了部分小微型私人离网风力发电项目，仍然带给阿联酋发展风电的希望。等到针对风电项目的经济性问题（风速、电机和相对成本）有较好的解决方案时，阿联酋的风电或许迎来一些新的发展机遇。

1.3.5　氢能市场动态

阿联酋在 2021 年第 26 届联合国气候变化大会上正式提出了本国的氢能发展路线图，目标是到 2030 年阿联酋占全球氢市场份额不低于 25%，并通过五个关键因素来支持阿联酋的氢经济发展战略。第一，由相关政策、激励措施、标准和认证体系支持的明确的监管框架；第二，通过地区内外合作伙伴关系和充满活力的国内研发结构提供一流的氢工艺技术；第三，利用现有和新的政府间关系加速国内生态系统增长；第四，支持国内生产的现成土地和基础设施资源；第五，通过阿联酋国内和国际资本市场的绿色融资。

近来，阿联酋联邦能源部一直在制定绿色氢战略。阿联酋正在与阿拉伯海湾的其他产油国在氢市场上展开竞争，致力于成为氢市场的领导者，其希望在未来十年成为世界上绿色氢燃料的领导者，并设立了占据全球低碳氢市场 25% 份额的雄心。2021 年 11 月，阿联酋宣布了其氢能领导路线图，使其成为了中东地区第一个根据 2015 年巴黎协定宣布到 2050 年净零战略倡议的国家。阿联酋氢能领导路线图包括：通过向主要进口地区出口低碳氢、衍生品和产品来释放新的价值创造来源，通过低碳钢、可持续煤油以及阿联酋其他优先产业培育新的氢衍生品机会并为阿联酋 2050 年的净零承诺做出贡献。

工业和先进技术部长兼阿联酋气候变化特使 Sultan bin Ahmed Al Jaber 博士说："阿联酋和全球清洁氢市场的潜力巨大，通过氢能领导路线图，我们的国家将成为充分利用阿联酋作为低碳和无碳行业和技术的先行者的现有地位，继续在清洁氢价值链上实现项目增长。"

在 2022 年 3 月全球能源和公用事业论坛开幕式上，阿联酋能源和基础设施部负责电力、水和未来能源部门的助理副部长优素福·阿里表示："为了实现阿联酋的能源转型目标，我们计划投资 1630 亿美元，使我们的能源结构多样化。氢在能源转型和阿联酋未来的能源结构中发挥着关键作用，对我们的工业部门、运输部门和化石燃料部门的脱碳至关重要。阿联酋决心引领化石燃料行业的脱碳和可持续发展。"

在阿联酋氢能战略形成的过程中，阿布扎比氢能联盟(阿布扎比国家石油公司(ADNOC)、Mubadala 和 ADQ)、迪拜电力和水务局(DEWA)和阿联酋清洁能源开发商马斯达尔(Masdar)正逐渐发挥着核心作用，其主导了中东首个太阳能光伏和绿色氢生产设施、蓝氨生产厂、绿氢示范厂，与 BP 合作建立阿联酋氢中心等一系列项目的实施。同样，自 TAQA 于 2020 年收购阿布扎比所有电力和水资产以来，该公司也表现出了发展绿色氢生产能力的兴趣。

2021 年 1 月，ADNOC 与阿联酋两大主权财富基金穆巴达拉投资公司(Mubadala)和阿布扎比发展控股公司(以下简称 ADQ)宣布成立阿联酋国家氢能联盟，旨在利用各自的行业优势，建立实质性的氢能经济，将阿联酋打造成可信赖的氢气出口国。ADNOC 将利用其现有产能，独立主导蓝氢发展；穆巴达拉将通过旗下子公司马斯达尔广泛的技术和投资伙伴网络，为绿氢产业布局出谋划策；ADQ 则将整合其能源价值链上的投资组合公司，包括阿布扎比港口、机场、铁路，以及阿布扎比国家能源公司和阿联酋核能公司等，支持国家氢能联盟的运转。

2021 年 1 月，ADNOC 与日本经济产业省签署了关于开展燃料氨利用的合作备忘录，8 月阿联酋向日本出口了第一批用于化肥生产的蓝氨，为阿联酋的氢能对外贸易奠定了基础。

在阿联酋的氢能项目中，最出名的便是被称为"中东第一个工业规模的太阳能驱动绿色氢设施"的穆罕默德·本·拉希德·阿勒马克图姆(Mohammed bin Rashid Al Maktoum：MBR)太阳能公园绿氢项目(图 1.16)。目前，该项目的太阳能公园已部分投入使用，预计到 2030 年，该公园将有产能为 5GW 的 1000MW 级太阳能投入使用。白天，该设施利用阿勒马克图姆太阳能公园的部分光伏发电，通过电解生产绿色氢气。夜间，绿色氢气被转化为电力，为城市提供可持续能源。

在迪拜，首个太阳能驱动的氢电解设施于 2019 年由 DEWA 启动，于 2022 年全面投入使用。该设施位于 Mohammad Bin Rashid 太阳能公园的 DEWA 研发中心。它将生产和储存氢气，用于电气化和运输等其他用途。

这是 2021 年迪拜世博会的一个主要示范项目，利用氢气为燃料电池汽车（FCEV）发电。

图 1.16 穆罕默德·本·拉希德·阿勒马克图姆太阳能
公园绿氢项目（来源：DEWA）

在致力于成为未来氢经济的国际领导者的过程中，阿联酋与日本、韩国、德国和印度等主要欧洲和亚洲市场建立了广泛合作，以期构建氢能国际供应链。

1.3.6　地热能市场动态

为了与时俱进，马斯达尔的零碳排放城市项目正在对阿联酋可能的地热能源机会进行调查。作为全球温室气体排放量最高的国家之一，阿联酋面临着重新考虑其能源生产技术并用更可持续和更环保的类似物替代它们的必要性。因此，除了太阳能和氢能项目，阿布扎比也在考虑地热能提供的机会。然而，由于缺乏天然水资源的国家的地理位置和地质特点，专家给出了地热能可能不是阿联酋作为其主要能源的最佳选择的意见。为地热发电厂淡化海水的成本将大大超过从其他替代能源生产能源所花费的成本，基于地热资源进行能源生产可能会变得过于昂贵甚至不可能。因此，对于阿联酋是否应将地热能作为主要替代选择存在较大疑问。

1.3.7　储能市场动态

一直以来，阿联酋政府高度重视发展包括太阳能、风能在内的可再生能源，加速本国的能源转型。一系列可再生能源发电、储能项目目前已在阿联酋落地。为跟上可再生能源的发展脚步，阿联酋力推"可再生能源+储能"模式，大力发展热储能、氢储能。

2018 年，迪拜水电局与比利时疏浚、环境和海洋工程集团（DEME）以及海合会互联管理局（GCCIA）签署合作备忘录，共同探讨储能技术。

近来，阿联酋马斯达尔可再生能源城、阿联酋哈利法大学和瑞典专门开发长时储能项目的 Azelio 公司共同在阿布扎比沙漠地区开展一项可持续供电的"光伏+储能"试点项目。该项目采用 Azelio 公司研发的长时储能装置，使用一种由再生铝合金制成的相变材料作为储热介质，可以将能量以热量形式储存在由回收的铝和硅制成的金属合金中，并在夜间利用发电机转化成电能，从而实现长时间的持续供电，装置最大储能时长可达 13h。长时储能项目将在马斯达尔研究所太阳能平台上进行广泛、大量的演示及测试，获取如何在沙漠环境下实现长时间最优储能的数据。

马斯达尔研究所太阳能平台创始人、哈利法大学教授尼古拉斯·卡尔韦特表示，长时储能项目在马斯达尔研究所太阳能平台的落地将为阿联酋的可再生能源发展提供宝贵的第一手资料。早在 2021 年初，位于迪拜的穆罕默德·本·拉希德·阿勒马克图姆太阳能电站就已经与 Azelio 公司合作，开展长时储能技术的商业化应用。

阿联酋地处沙漠地区，虽然具备较好的太阳能资源，但沙漠高温的极端气候也对储能技术提出了更高的要求。除了热储能，阿联酋还大力发展氢储能。氢储能技术是利用电力和氢能的互变性而发展起来的。氢储能既可以储电，又可以储氢及其衍生物，如氨、甲醇等。此前，马斯达尔可再生能源城所属的阿联酋主权基金穆巴达拉投资公司与阿布扎比国家石油公司、阿布扎比控股公司共同组建了"氢能联盟"。根据三方合作协议，阿布扎比国家石油公司将利用其在传统能源领域的优势主导"蓝氢"（由化石燃料产生，主要来源是天然气），而马斯达尔将凭借其在清洁能源领域的丰富经验聚焦"绿氢"（利用太阳能等可再生能源通过电解工序产生，其碳排放可以为零）行业，阿布扎比控股公司将为项目发展提供投融资服务及相关支持。

1.3.8　未来市场机遇

传统太阳能发电虽然面临低价竞争问题，但仍然存在巨大发展空间。阿布扎比和迪拜政府正在研究海上漂浮式太阳能发电项目的可行性，值得业内经验丰富的企业趁早介入。

阿联酋风电项目的可行性方案和经济型项目开发和建设，需要整体解决方案提供商入局推动。

阿联酋一直探索太阳能发电转换为氢能储存的技术，积极推行这类项目，大概率将成为阿联酋践行新型能源战略的发展重点之一，市场前景广阔，发展空间大。

1.4　卡塔尔减碳及可再生能源市场

1.4.1　减排及可再生能源发展目标和政策

2021 年 10 月，卡塔尔启动《国家气候变化计划》，目标是到 2030 年减排 25%温室气体，并确立了减少空气污染物排放、恢复生物多样性等五类优先事项。作为卡塔尔"2030 愿景"的重要组成部分，该计划承诺将通过经济多样化和优化自然资源利用来应对气候变化，重点部署专门的 CCUS 设施，并通过 35 项具体措施和 300 多项针对性倡议来增强本国的气候适应力。

卡塔尔力争到 2030 年实现可再生能源发电占发电总量 20%的目标。卡塔尔能源公司(QatarEnergy)也计划在 2030 年前发行价值超过 70 亿美元的绿色债券，以期为本国一系列可再生能源项目提供更多发展资金。同时，卡塔尔重视在任何需要为经济发展付出环境代价的地方都通过投资改善环境的技术来予以补偿。

1.4.2　CCS 市场动态

与中东其他产油国将捕获的二氧化碳用于 EOR 的努力不同，卡塔尔将捕获的二氧化碳注入地下储存。

拉斯拉凡 CCS 项目，通俗地称为卡塔尔 LNG CCS 或 RasGas 二氧化碳注入项目，被认为已于 2005 年投入运营。该项目涉及从 Ras Laffan 液化天然气(LNG)设施中捕获二氧化碳，捕集的二氧化碳通过管道输送到陆上的一个距多哈北约 80km 的注气站，注入位于该处地下枯竭气藏中，即阿拉伯地层。初始二氧化碳注入地下的速率约为 110×10^4 t/a，最近的估计表明增加到 210×10^4 t/a，预计到 2025 年将增加到 500×10^4 t。该项目是一个由卡塔尔石油公司、埃克森美孚公司和道达尔公司的联合经营的合资项目，通过捕集二氧化碳可望减少 25% 的液化天然气设施温室气体排放量。该项目使用胺基碳捕集技术，这是一种成熟的、可用于捕集工业过程排放二氧化碳的商业技术。

1.4.3　可再生能源市场动态

卡塔尔在 2017 年底推出了一项新的战略，利用太阳能和可再生能源使其能源结构多样化。由于大量的太阳能照射，太阳能被认为是卡塔尔实现更清洁和更低成本的能源组合的最可行方法。

2020 年 1 月，中国新疆金风科技股份有限公司(下称"金风科技")与卡塔尔能源投资公司 Nebras Power Q P S C(以下称"Nebras Power")在卡塔尔首都多哈签署合作框架协议，正式开启了双方在可再生能源领域为期 3 年的合作探索。Nebras Power 成立于 2014 年，是一家注册在卡塔尔的国际能源投资公司。其使命是在全球电力能源市场开发及管理战略资产组合，并为股东和投资人创造价值。Nebras Power 是卡塔尔"2030 愿景"的重要组成部分，其在促进卡塔尔经济多元化，推动国家可持续增长方面发挥重大作用。目前，Nebras Power 已在 5 个国家持有 8 座发电资产，装机总量达 5.2GW。基于合作框架协议，金风科技将和 Nebras Power 共同成立指导委员会，负责促进推动双方在可再生能源发电、风电场运维、能源提效和储能技术开发等领域合作。未来双方将共同评估开发新的可再生能源项目，为风电场提供技术咨询、运维服务，为大规模可再生能源项目提供人才培养和智力支持，共同参与可再生能源项目的股权投资与并购以及创新项目的股权投资等。

2020 年 1 月，卡塔尔完成 1 项 800MW 太阳能发电招标，最终价格为 $0.016/kW·h$，这是当时大规模可再生能源拍卖中中标的最低价格。

2022 年 10 月 18 日，卡塔尔首个太阳能发电厂 800MW 地面电站全容量并网。该光伏电站位于 Kharsaa 地区，由太阳能科技公司隆基供应全部组件，全部采用隆基 Hi-MO4 双面组件，是目前为止世界第三大单体光伏发电站，也是世界最大运用跟踪系统和双面组件的光伏项目。项目预计每年可为卡塔尔提供约 18 亿千瓦时的清洁电能，满足约 30 万户家庭年用电量，每年减排二氧化碳约 $90×10^4t$。该项目在卡塔尔乃至整个中东地区都有着深远意义，可满足卡塔尔峰值电力需求 10% 以上。本次并网后，该项目将以具有竞争力的电价为卡塔尔提供能源支持，通过电能来源的多样化提高能源利用效率，既可增加可再生能源利用的比重，也有利于实现国家经济多样化发展，是卡塔尔"2030 国家愿景"的一部分，开创了卡塔尔可再生能源光伏发电领域的先河。

2022 年 9 月，卡塔尔能源可再生解决方案公司(Qatar Energy Renewable Solutions)与卡塔尔化肥公司(Qatar Fertiliser Company)签署了氨 7 项目建设协议，计划于 2026 年第一季度投建全球最大的蓝氨项目，该项目建厂将耗资 10 亿美元，建成后年产蓝氨 120×10^4 t，每年捕集和封存二氧化碳 150×10^4 t。到 2035 年，卡塔尔希望将其碳捕获和储存系统改进到每年可储存多达 1100×10^4 t 二氧化碳的程度。

1.4.4 储能市场动态

2022 年，卡塔尔电力和公用事业公司(Kahramaa)在其 11 千伏的 Nuaija 电站安装了 1MW/4MW·h 的储能系统。该设施是由卡塔尔企业集团阿提亚集团(Al-Attiyah Group)和美国电动汽车制造商和电池供应商特斯拉(Tesla)合作建造的，目的是在高峰时段或发电站达到最大负荷时储能电力，并提高电网电压。该项目投资 270 万美元，一年内实施，阿提亚集团负责安装储能系统，特斯拉提供 Powerpack 电池，这是一种可扩展的交流连接储能解决方案，适用于大规模应用。每个 Powerpack 是一个容量为 232kW·h 的储能设备，包含 16 个独立的电池舱，一个热控制系统和数百个传感器，用于监控和报告电池级的性能。

1.5 阿曼减碳及可再生能源市场

1.5.1 可再生能源发展目标

作为指导阿曼未来 20 年发展的框架文件，阿曼 2040 愿景将环境保护列为其优先事项之一，并包括通过鼓励可再生能源部门的发展实现环境可持续性的战略。阿曼 2040 年愿景和国家能源战略的目标之一是到 2025 年底前可再生能源利用率超过 10%，到 2030 年可再生能源占国内能源结构的 30%，其中大部分将来自太阳能光伏发电，希望通过可再生独立电力项目(IPP)扩大其发电能力。可再生能源的消耗计划到 2040 年达到 35%~39%。

在经济多样化的需要和应对全球气候危机的国际责任这两个关键因素的推动下，阿曼正朝着开发可再生能源的方向发展。

1.5.2　可再生能源市场规范、法规和政策

阿曼国家规划确定了可再生能源发展的战略目标，法律为可再生能源发展提供了系统保障。

2004年颁布并经过两次修订的部门法是阿曼电力部门最重要的市场监管法。法律允许私营部门投资企业参与电力项目的发展。成立独立的第三方监管机构，电力监管局（AER），以监管和监督包括可再生能源在内的电力市场的运作。

在这一制度下，参与可再生能源开发的主要政府机构包括：

阿曼的政府内阁理事会是制定国家战略的最高决策机构，而阿曼2040愿景实施跟踪小组（ISFU）是国家计划的具体实施机构。

AER是电力和水市场监管机构，对电力市场的主要参与者进行监督和监督。（1）保证市场竞争的公平性；（2）执行经济购买条款；（3）批准批发、零售电价；（4）《企业管理办法》电力、水活动证明；（5）确保合规经营；（6）管理电力和水市场，促进私人投资；（7）评估电力和水市场的自由化程度。

OPWP是阿曼电力和海水淡化的独家回购和销售商。其主要职责包括：（1）保证电力生产能力满足电力需求；（2）与内外部资源方合作，开展相关规划；（3）与OETC合作，确保采购服务顺利进行；（4）确保上述活动在经济条件下进行。

阿曼是中东地区第一个开放其电力市场的国家，引进私营部门投资者，减轻国家对电力的财政负担，吸引电力部门更先进的技术，提高服务水平，优化资源利用和提高能源效率。国家MIS电网的部分运营业务已经私有化。输配电私有化后，将成为中东地区第一个完成电网市场化改革的国家，具有重要意义。

2018年，阿曼对其公用事业部门进行了重组，使石油和天然气部（MOG）成为所有能源项目的主要决策者，MOG已牵头实施了多个可再生能源项目。

2021年8月，阿曼正式成立了由13家政府公共部门和油气运营商、

科研单位与高校、港口集团等机构组成的阿曼国家氢能联盟，成为阿曼2040愿景中能源多元化目标的重要组成部分。

根据阿曼可再生能源发展政策，大型可再生能源 IPP 项目和屋顶太阳能项目将继续并行发展，成为阿曼可再生能源市场的主流。在阿曼 2040 愿景、国家能源发展战略和应对气候危机的国家承诺的指导下，未来几年将有更多的可再生能源项目进行投标。大部分项目将会是太阳能(大规模光伏+屋顶光伏)，但也包括风力和垃圾发电项目。储能项目(电池储能、绿氢、蓝氢)也将是阿曼雄心勃勃的可再生能源发展蓝图的重要组成部分。同时，阿曼电力市场将继续改革，实现更高水平的市场化和自由化。阿曼可能会引领中东地区可再生能源的开发和转型。

1.5.3 可再生能源市场发展模式

1.5.3.1 政府领导大项目

OPWP 负责由 100% 私营部门投资以公开招标模式开发的 IPP 项目，PPA 期限为 15~25 年(比沙特阿拉伯和阿联酋的项目短)。

截至 2021 年 11 月，商业项目为 Ibri II 光伏项目，装机容量 500MW。佐法尔风力发电项目，装机容量 50MW。目前招标项目为 Manah 1 和 2 光伏项目，总装机容量为 1GW，并与 2024 年发电。

1.5.3.2 发展屋顶光伏

2017 年 5 月，阿曼公共服务管理局(ASPR)正式启动 SAHIM 屋顶 PV 项目。

该项目的第一阶段于 2017 年 5 月开始，允许一些符合条件的客户和商业建筑自费安装屋顶太阳能，并为来自电网的电力支付补贴电价。

该项目的第二阶段将通过 BOO 邀请开发商投标，在阿曼许多地方的选定建筑的屋顶上投资和开发小型光伏项目包，计划在 2025~2030 年期间装机容量为 1GW。第一个试点项目是 2023 年在马斯喀特安装 3000~5000 户家庭的屋顶，最终安装 10 万户家庭的屋顶。

2021 年 10 月，阿曼最大的金融公司国家金融公司与当地可再生能源公司 Nafath 合作，为阿曼屋顶光伏开发项目提供解决方案。根据合作关系，后者将为希望在屋顶安装光伏电池板的房主提供系统支持，而前者将提供资金支持。

1.5.3.3 PDO 开发项目

PDO 是阿曼最大的石油公司，政府持有 60% 的股份，英国壳牌(Shell)持有 34% 的股份，法国道达尔(Total)持有 4% 的股份，Partex Oil & Gas 持有 2% 的股份。PDO 已经制定了自己的可再生能源发展议程，计划到 2025 年提供 30% 的可再生能源用电。

PDO 通过公开招标方式开展了一批大型光伏电站和风电项目，包括 Amin 100MW 光伏项目、Mirah 1GW 太阳能项目(实际商业运营 360MW)、100MW 光伏+30MW 储能项目、屋顶太阳能项目等。

PDO 的模式正在被阿曼其他大型国有控股公司复制和推广。未来也不排除它作为阿曼加快可再生能源发展的动力。

1.5.4 CCUS 市场动态

国有控股的阿曼石油开发公司(PDO)和阿曼水电采购公司(OPWP)联合开发一个碳捕集试点项目。该项目设计捕集燃气发电厂排放的二氧化碳，并将捕集的二氧化碳注入附近油藏提高石油采收率。该项目采用燃烧后捕集技术，预计每年捕集二氧化碳 100×10^4 t。该项目始于 2018 年，是阿曼减少碳排放和促进可持续发展计划的一部分。捕集到的二氧化碳通过管道输送到附近的油田，然后再注入油藏用于提高石油采收率。该项目仍处于早期开发阶段。

阿曼石油开发公司(PDO)和欧洲超级巨头壳牌公司于 2022 年 5 月签署了一份合作谅解备忘录，联手共同研究阿曼的碳捕获、利用和封存(CCUS)机会。该研究的范围将涵盖技术问题、项目时间框架和成本，并考虑支持 CCUS 的监管和财政框架。两家公司表示，该协议旨在利用联合能力和规模经济在阿曼启动 CCUS 产业，并促进阿曼低碳氢价值链的启动。它既符合公司对阿曼 2040 年愿景计划的承诺，又为公司减少运营排放奠定了基础。

PDO 宣布对碳捕获、利用和封存(CCUS)进行具有里程碑意义的进军—这是一个价值数十亿美元的新兴全球产业，被认为对阿曼和更广阔的世界实现零碳经济至关重要。对于 PDO，目前的重点是 CCUS 的"利用"部分，意味着建立基础设施和使用二氧化碳的能力，主要用于 EOR 或 EGR 实践，然后继续关注捕获和储存大气中二氧化碳封存方面，因为 PDO 有许多二氧化碳封存地点，包括基于含水层的地点或枯竭的油气藏，不仅可以为 PDO 自己的排放提供封存，还可以为第三方提供服务，努力使第三方的业务脱碳。与此同时，PDO 还计划在 2030 年零碳绿氢可用之前，与壳牌阿曼开发公司共同研究和合作在 Block 10 生产蓝氢，这是一种与 CCUS 技术部署密切相关的具有商业价值的低碳商品。

该合作协议还进一步支持主要由少数气候技术初创公司牵头的新兴竞标，以促进阿曼 CCUS 行业的发展。通过直接空气捕获（DAC）、碳矿化和其他此类举措，例如，通过扩展这些技术以捕获大型能源密集型行业的二氧化碳排放，CCUS 倡导者看到了将二氧化碳用于各种油田或工业应用或将其封存在地下的潜力。未来阿曼的 CCUS 行业的雏形正在奠定。PDO 还将支持工业、交通、住房和其他排放二氧化碳的经济部门的碳捕获和脱碳目标。简而言之，CCUS 将成为关键，PDO 将在该领域为阿曼提供额外服务，同时在蓝氢开发中发挥重要作用。

1.5.5　太阳能、风能发电市场动态

阿曼拥有世界上最好的太阳辐射水平以及该国南部的高质量风力强度。但是该国的可再生能源开发近年来才刚刚爆发。

国有的阿曼石油开发公司（PDO）是阿曼大型太阳能发电项目的先驱。2015 年，PDO 与美国的 Glass Point Solar 公司合作启动了位于 Miraah 聚光太阳能项目的 7MW 试点。该项目打算开发世界最大太阳能电站之一，阿曼南部一座 1021MW 的太阳能热电站，利用太阳光产生蒸汽，用于 Amal 油田稠油热采提高石油采收率，Miraah 将发放较世界任何太阳能电站都高的最大峰值能源输出。预计其每年将节省 5.6 万亿英热单位（BTU）的天然气，每年减少二氧化碳排放量逾 $30×10^4$ t。整个安装项目包括三十六个组件，项目总占地面积相当于超过三百多个足球场。这一项目有潜力使阿曼成为太阳能 EOR 的全球中心。

2019 年 2 月，日本丸红牵头的财团与 PDO 签署购电协议（PPA），在阿曼开发一个 100MW 的光伏太阳能项目。2019 年 3 月，沙特和科威特公司组成的财团为阿曼 Ibri 的 500MW 太阳能光伏独立电力项目（IPP）融资。阿曼水电采购公司（OPWP）于 2019 年 3 月选择海湾公司作为优先投标人。

阿曼已经启动了许多项目，以实现其 30% 的电力来自可再生能源的目

标。这些项目包括佐法尔的一个风电场、Manah 两个太阳能独立发电厂（Manah I 和 II 项目，每个项目的装机容量均在 500~600MW）、11 个太阳能—柴油混合动力设施以及在住宅和商业建筑等处安装小型太阳能电池板的"Sahim"倡议。

2021 年，阿曼的第一个公用事业规模的光伏项目 500MW 的 Ibri II 电站，已完工。该项目由 ACWA Power（50%）、Gulf Investment Corporation（40%）和 Alternative Energy Projects Co.（10%）共同开发，PPA 为期 15 年。

1.5.6 氢能市场动态

阿曼国家氢能发展战略正在如火如荼地展开，在氢能探索方面走在中东地区前列，其目标是将清洁氢气（绿氢和蓝氢）发电量到 2025 年达到 1GW、到 2030 年达到 10GW、到 2040 年达到 30GW；到 2030 年生产 $100\times10^4 t/a$ 绿色氢气，五年后进一步扩大到 $375\times10^4 t/a$，到 2050 年达到 $850\times10^4 t/a$，成为全球最大的绿氢生产国和出口国之一。

阿曼天然气资源丰富，是蓝氢发展的重要支撑。广阔的沙漠和地理资源是绿色氢气发展的重要保障，阿曼将开发利用氢能视为实现经济多元化的一种方式，在霍尔木兹拥有面向印度洋的港口，是发展氢气转运和出口事业的天然优势。利用其在亚洲、非洲和欧洲之间的地理位置，最终出口清洁能源。因此，阿曼的绿色氢气项目主要位于重点港口地区：

阿曼和比利时合作伙伴进行了一个具有 250~500MW 电解槽的氢气厂的可行性研究，表明以后可能升级。

阿姆斯特丹港合作和苏哈尔港口已于 2020 年 11 月宣布他们打算在阿曼 Batinah 海岸的工业港口推进该国首个工业规模的绿色氢工厂。苏哈尔希望成为"未来能源"的全球中心，并鼓励使用绿色氢气为包括炼钢在内的重工业提供动力。

2021 年，阿曼宣布出资 300 亿美元在 2038 年前建成世界上最大的氢气设施，最终目标产氢气 $180\times10^4 t/a$。

2021 年 7 月，阿曼 OQ 公司与比利时企业 DEME 共同投资阿曼绿色氢公司 HYPORT Duqm 与德国能源公司 Uniper 签署合作协议，后者提供技术服务并谈判独家氢能源采购协议。2021 年 9 月，阿曼经济特区和自由区管理局与 HYPORT Duqm 签署了一份土地转让协议。两项活动标志着阿曼

3.5GW 绿色氢项目在土地问题以及销售和营销问题上取得了重大进展。这个项目将分阶段进行。第一阶段包括一个 250～500MW 光伏＋风力发电项目,该项目将以电解电池的形式生产绿色氢。预计将于 2026 年投入使用。后续项目将继续关注绿色氢产业链的整体完善,努力将杜库姆港建设成为阿曼的绿色氢港。

阿曼氢气的首批市场可能是日本和韩国,并在稍后阶段他们也成为绿色氨的出口市场。

2021 年 8 月,阿曼成立"国家氢能联盟",由 13 家公共和私营部门机构组成,包括政府部门、石油和天然气运营商、科研单位以及港口等机构。该项目也是阿曼 2040 愿景经济转型计划中能源多元化目标的一部分。

2022 年 10 月,阿曼能源部正式成立一家新的以氢为中心的能源公司 HYDROM,该公司将监督实施该国对绿色氢能源未来发展的愿景。

1.5.7　地热能市场动态

从 PDO 55 口钻井获得的温度数据研究表明,阿曼具有利用地热资源的潜力。根据这些井井底温度范围,其地热可用于二元循环发电厂发电。与太阳能和风能相比,二元地热的能源生产成本较低,初始成本很高,其维护可能受到不同因素的高度影响,包括地热流体的性质、电厂的技术和位置、气候和天气、腐蚀和结垢。研究表明,阿曼可考虑使用地热能源并减少对石油和天然气的依赖。

2022 年 11 月,斯伦贝谢(SLB)宣布与阿曼能源和矿产部以及阿曼投资局合作,制定一项开发阿曼地热资源潜力的国家战略。此前,阿曼当局委托开展了为期三个月的项目,评估来自 7000 多口油井、天然气井和水井的数据,以确定阿曼的地热前景。来自 SLB 的 GeothermEX 多学科地热咨询团队的专家使用专有的 AI 解决方案来加快对阿曼石油和天然气数据存储库(OGDR)中大量数据的评估、分类。确定了潜在的地热资源后,合作的下一步将涉及评估开发这些前景的经济可行性。阿曼能源和矿产部、阿曼投资局和 SLB 之间的合作符合阿曼为能源部门脱碳、实现其净零目标和实施阿曼 2040 年愿景所做的努力。在现有国家数据和基础设施的基础上,这种合作将利用地热勘探领域的最新技术创造机会,并加强阿曼清洁能源领域的活动。

1.5.8 储能市场动态

阿曼的 Al Mashani 公司与瑞典光热发电厂商 Azelio AB 公司于 2020 年 1 月签署协议，计划在 2021—2024 年合作部署装机总容量为 25MW 的多个储能项目，首先部署的是一个 50kW 储能项目，与阿曼的一座矿山的太阳能发电设施配套部署。Azelio 公司将提供由其自行研发的光热储能系统。最初部署的一个 50kW 储能项目于 2021 年完成。Al Mashani 公司确定了最终用户，并评估其矿山采用的储能解决方案。在部署首个 50kW 储能项目之后，在 2022 年部署安装 5MW，在 2023 年部署 7MW，在 2024 年部署 13MW 的储能设施，该计划还包括并网和离网系统。部署的这些储能解决方案将帮助用户采用清洁电源。

2022 年 6 月，阿曼接收到用于海水淡化工程的风光储一体化应用的中国制造储能集装箱系统。该系统采用集装箱分布式部署，集锂电池、双向储能变流器和能源管理系统于一体，内部采用电池集成方案，高防护等级的密封储能电池模块，配合模块化一对一消防系统。电池系统采用新一代 BMS 电池管理系统，采用主动式能量转移型均衡技术，过高单体电池的放电能量转移到过低单体电池，能量转移而不是耗散。考虑到电网、储能与负载的复杂多变性，系统控制满足微电网结构及保护要求，保证系统安全、高效运行。此外，双向变流器加强多功能设计，优化控制性能，实现并离网不间断供电、动态扩容、削峰填谷、无功补偿、谐波抑制等功能，实现多能互补、科学配置，提高了储能系统的经济效益。该系统将可再生能源、电网、锂电、负载等结合在一起，合理配置、科学利用，提供安全、高效的电力保障。

海湾国家的主权财富基金阿曼投资局在 2023 年投资 50 亿美元用于储能项目建设。OIA 表示，融资将来自本地和外国私营部门，金融机构或该机构本身或其子公司。OIA 还加入了一群外国投资者，向电池材料制造公司 Group14 Technologies 投资了 2.14 亿美元。Group14 开发锂硅电池材料，旨在取代标准锂离子电池。Group14 表示，通过最新的资金注入，它在 C 轮投资中总共获得了 6.14 亿美元。Group14 Technologies 的一些主要投资者包括 SK Materials 和保时捷。OIA 打算通过对 Group14 Technologies 的投资将阿曼纳入该公司的全球供应链。

2 中东地区减碳及可再生能源技术发展动态

2.1 CCUS 技术

中东地区是一个化石燃料非常丰富的地区，一直以来中东地区都是向世界其他地区出口石油和天然气的重要出口地。然而，近年来，人们越来越认识到减少温室气体排放，向低碳经济过渡的重要性。碳捕集与封存技术在中东也变得越来越重要。

碳捕集与封存技术通过捕集工业生产和发电过程中产生的二氧化碳并将其封存在地下的方式来减少温室气体的排放。

2.1.1 碳捕集技术

二氧化碳捕集主要分为燃烧后捕集、燃烧前捕集以及富氧燃烧捕集三大类，捕集能耗和成本过高是面临的共性问题。

2.1.1.1 燃烧后捕集

燃烧后捕集涉及化石燃料在燃烧室中燃烧后的二氧化碳捕集。这种技术通常使用化学溶剂或物理吸附剂来捕获烟气中的二氧化碳。燃烧后捕集所使用的常见溶剂包括单乙醇胺和氨。单乙醇胺能有效地捕获二氧化碳，但需要大量的能量来进行单乙醇胺的再生。氨对能量要求较低，但氨具有腐蚀性。物理吸附剂，如活性炭，也能用于燃烧后的碳捕集。燃烧后捕集的特点具有对现有发电厂和工业设施进行灵活改造的优势。然而，这种方法需要消耗大量的能源，而且所使用的溶剂或吸附剂需要满足很高的购置和维护成本。燃烧后捕集技术相对成熟。

2.1.1.2 燃烧前捕集

燃烧前捕集是指化石燃料在燃烧之前将二氧化碳去除的过程。这项技术通常适用于燃气蒸汽联合循环发电厂。燃烧前捕集涉及将化石燃料转化为气体，然后利用变换反应将二氧化碳去除。去除二氧化碳后剩下的氢气被燃烧用于发电。燃烧前捕集比燃烧后捕集更为有效，但需要较多的处理步骤，只能用于特定的场合。燃烧前捕集的优点是效率高，能产生燃料电池所使用的氢气。然而，燃烧前捕集要求使用更多的基础设施，在成本费用方面要比燃烧后捕集高出许多。燃烧前捕集在降低能耗方面具有较大潜力，国外 5×10^4 t 级中试装置已经运行，中国 $(6 \sim 10) \times 10^4$ t 级中试系统试验已启动。当前，该技术主要瓶颈是系统复杂，富氢燃气发电等关键技术还未成熟。

2.1.1.3 全氧燃烧捕集

全氧燃烧捕集涉及在纯氧中而不是空气中燃烧化石燃料，这样就产生了可以捕集和封存的高浓度二氧化碳流。这项技术不需要专门设置捕集步骤，而且比燃烧后捕集更为有效。全氧燃烧可以使用各种各样的燃料，如煤、天然气和石油等。然而，全氧燃烧捕集需要增加基础设施，如空气分离装置，从而增加了发电的成本。全氧燃烧捕集的优点是烟气在燃烧过程中可以产生高浓度的二氧化碳，发电厂发电时烟囱排放的烟气较少。缺点是成本高，为了产生纯氧还需要使用额外的能源。

富氧燃烧技术国外已完成主要设备的开发，建成了 20×10^4 t 级工业示范项目，正在实施 100×10^4 t 级的工业示范。新型规模制氧技术和系统集成技术是降低能耗的关键，也是现阶段该技术发展的瓶颈。

2.1.1.4 沙特阿美的移动碳捕获技术

沙特阿美研发中心，研究人员和科学家们提出了移动碳捕获技术原理，即移动碳捕获装置直接安装于汽车上，汽车使用重新设计的排气系统，在汽车尾气排入大气前，尾气中的二氧化碳暴露于捕获介质（例如一种由水和碱性氮化合物制成的溶剂），废气与溶剂一经接触，二氧化碳就会与之结合，随即被介质吸收，一部分二氧化碳从废气中分离并去除，废气的二氧化碳含量降低后得以释放；同时，已捕获的二氧化碳从介质中分离、压缩并储存于车上，直到在加油站卸载。这一技术由发动机在燃烧过程中产生的热量提供动力。

早期试验已彰显出移动碳捕获的技术实力，它能捕集内燃机产生的50%二氧化碳。沙特阿美已成功将移动碳捕获技术集成到一辆8级重卡上。关于移动碳捕获技术在陆路和海洋运输行业的应用潜能，就技术和价值链层面而言，仍有几个方面的问题亟待改善。

2.1.2　碳封存技术

二氧化碳封存可分为地质封存和海洋封存两大类。

地质封存是模仿自然界储存化石燃料的机制，把二氧化碳封存在地层中，可经由输送管线或车船运输至适当地点后，注入特定地质条件及特定深度的地层中，如废弃的石油田，不可开采的煤田以及高盐含水层构造等。封存深度一般要在800m以下，该深度条件下二氧化碳处于液态或超临界状态。地质构造必须满足盖层、储集层和圈闭构造等特性，方可实现安全有效埋藏。地质封存又分为枯竭油气藏封存、盐水地层封存、煤层封存、玄武岩地层封存及盐穴封存。

海洋封存是指将二氧化碳通过管道或者船舶运送并储存在深海的海洋水或者深海海床上。海洋封存又分为溶解型海洋封存和湖泊型海洋封存。

2.1.2.1　枯竭油气藏封存

枯竭油气藏是二氧化碳地下封存的最佳选择，数百万年储存油气的历史便是能够进行地下封存最有力的证明。二氧化碳注入枯竭油藏可以提高石油采收率，注入的二氧化碳安全地储存在岩石的孔隙中，通过毛细管作用和溶解机制的双重作用存储在岩石的孔隙中。然而，需要注意的是，二氧化碳存在从储层中泄漏的风险，因此需要对泄漏的风险进行评估。泄漏风险主要与构造的复杂性和储层岩石物性有关，岩石物性是指岩石的孔隙度、渗透率和岩石的完整性。

2.1.2.2　盐水地层封存

盐水地层广泛应用于二氧化碳地下封存，据测算其储存能力可达到世界温室气体年总排放量的数倍。盐水地层的岩性通常为孔隙度较高的砂岩或裂缝发育的基岩，二氧化碳被这些孔隙和裂缝捕集，并溶解在盐水中，从而实现碳封存。然而，二氧化碳注入盐水地层可能会导致地层压力、温度以及盐水和岩石的化学性质发生变化，从而影响封存系统的完整性。同时也要对断层或其他形式形成的泄漏风险进行评估。另外，注入二氧化碳可能诱发地震活动的风险也必须要进行认真考虑。

2.1.2.3 煤层封存

煤层也是二氧化碳地下封存的一个潜在选项，注入二氧化碳提高煤层气采收率的同时，二氧化碳可以稳定地储存在煤层中。二氧化碳注入煤层后被吸附在煤的表面并储存在煤的微孔中。然而，向煤层中注入二氧化碳也有可能引发地震活动，注入二氧化碳使得地层应力发生了变化。此外，二氧化碳通过废弃矿井或断层形成泄漏的可能性也必须进行评估。同时还要充分考虑煤层和围岩物性等因素，确保二氧化碳封存的安全性和有效性。

2.1.2.4 玄武岩地层封存

玄武岩地层用作二氧化碳地下封存是一个相对较新的选项，通过与岩石中的矿物发生反应形成稳定的碳酸盐矿物来储存二氧化碳。这个过程被称为矿物捕集，可以永久封存二氧化碳。玄武岩地层通常位于大洋中脊或熔岩玄武岩广泛分布的地区附近。但玄武岩地层的规模及其长期封存二氧化碳的能力仍有待研究。此外，向玄武岩地层注入二氧化碳会导致流体压力、温度和化学性质的变化，从而影响封存系统的完整性。

2.1.2.5 盐穴封存

与其他地质构造相比，利用盐穴封存二氧化碳具有独特的优势。盐穴允许较快的二氧化碳注入速度，盐穴的物理性质决定了盐穴是一种理想的封存构造。盐穴的地层是不渗透地层，可很好地防止二氧化碳从封存区泄漏出去，盐穴内的高压阻止了液态二氧化碳变成气体，从而能够防止二氧化碳的逸散。然而，盐穴封存二氧化碳也存在一定的风险。盐的溶解能够形成地表的下沉，从而导致地面变形，进而损坏地面建筑和基础设施。此外，一旦盐穴发生泄漏，或者如果围岩中存在断层，二氧化碳可能会从封存的地层中逸出并迁移到地面。

2.1.2.6 溶解型海洋封存

溶解型海洋封存即将二氧化碳运送到深海中，让二氧化碳自然分解然后变成自然界碳循环的组成部分。

2.1.2.7 湖泊型海洋封存

湖泊型海洋封存是指将二氧化碳送入到地下 3000m 的深海里，因为海水密度比二氧化碳的密度小，所以会在海底变成液态，成为二氧化碳湖，进而推迟了二氧化碳分解到环境中的程序。

2.1.3 CCUS 技术在阿拉伯半岛应用的地质环境

中东地区有四种地质环境可以利用碳捕集、利用与封存技术。

2.1.3.1 东部板块边缘层堆积的沉积层

阿拉伯板块东部台地边缘下方沉积岩的沉积背景为大型浅海泻湖环境，自侏罗系至晚白垩统的层状石灰岩地层序列中发育有多个大型油藏。多旋回碳酸岩沉积夹厚层蒸发岩和硅质碎屑页岩/泥质石灰岩的地层组合形成了一个由多个多孔岩石序列和上覆盖层组成的理想地层组合。含水层的孔隙度和渗透率变化较大，孔隙度可达 40%，渗透率可达达西级别。含水层流体具有很高的盐度，其浓度可达海水的 5~7 倍。地层温度可达 150°C 以上，即使是数千米深处的地层仍然具有相对较高的孔隙度和渗透性等可形成储藏的有利条件。这里有包括含水层、储层、圈闭、盖层的产状和范围及其物性的详细记录，但用于定位和评估二氧化碳封存和/或封存试验的潜在位置所需的详细数据是那些具有知识产权的专有数据，这些数据归国家石油公司所有，保存在国家石油公司的数据库中。东阿拉伯陆上盆地是最适合于进行二氧化碳封存的地理位置。

2.1.3.2 西部板块边缘的裂谷盆地

渐新世晚期，非洲板块和阿拉伯板块开始分离，形成了深达 6000m 的裂谷盆地，裂谷盆地内沉积有陆源碎屑岩、碳酸岩和蒸发岩。裂谷盆地内含有较高孔隙度和渗透率的砂岩、石灰岩和白云石，也有可作为封闭盖层的岩盐层和页岩层。然而，由于裂谷和盐体构造的存在，晚第三系地层剖面和裂谷盆地具有显著的岩性多样性和构造复杂性特征。预测的地热梯度约为 32℃/km，有温泉的地区地热梯度要更高一些。裂谷盆地不仅适用碳捕集与封存，而且还适用碳捕集、利用和封存，以及地热发电，尤其是红海沿岸的大型二氧化碳固定排放点源附近人口密集和工业中心附近。然而，由于用于评估的部分数据是不公开的，因此就没有对适于碳捕集与封存和碳捕集、利用与封存的合适地点进行详细的测绘。

2.1.3.3　火山岩地区

沙特阿拉伯西部和北部的火山岩地区富含由碱性橄榄石玄武岩组成的镁铁质岩石。该地区至少有 14 个形成年代较晚的火山岩区，主要由从裂缝和小火山喷发形成的水平产状的玄武岩熔岩流组成。玄武岩是否适宜二氧化碳封存取决于地质条件、活性岩层的厚度、孔隙度和渗透率、与主要二氧化碳排放源的距离以及是否有水等因素。沙特阿拉伯哈拉特地区靠近海岸和主要工业中心，这是一个潜在的玄武岩二氧化碳封存地点。具体实施需要更多的数据进行进一步的评价。

2.1.3.4　阿曼和阿联酋洋壳仰冲区

晚白垩世，阿拉伯板块的东北陆缘与从新特提斯北部向阿拉伯移动的晚期形成的高温洋壳相撞。陆缘向下俯冲，蛇绿岩洋壳被推动撞到陆壳，从而导致了沿阿拉伯半岛东北部阿曼和阿联酋地块陆缘的第三系地层的上隆，厚层蛇绿岩地层序列出露地表。蛇绿岩由辉长岩和超镁铁质岩组成，厚度超过 4000m。研究表明，阿曼蛇绿岩有可能适宜碳捕集与封存，但技术和经济是否可行存在不确定性。

2.1.4　中东地区碳捕集与封存项目面临的技术挑战和机遇

2.1.4.1　中东地区的碳捕集和封存项目

Hamieh 等 2022 年的一份研究报告对沙特阿拉伯固定工业源的二氧化碳排放量进行了详细的评估，固定工业源的二氧化碳排放量占该国二氧化碳总排放量的 70% 以上。这些固定工业排放源包括地图（图 2.1）上能够找到的发电厂、海水淡化设施、炼油厂、水泥厂、化工厂和钢铁厂。报告中记录有 1200 多条信息，包括工厂设施的详细信息，如产能、产量、技术、燃料、生产年限、地点和公司名称。二氧化碳排放量是根据设定的规则估算的，同时考虑了排放和产量因素。报告还涉及对烟气中二氧化碳浓度的研究。这些信息对旨在通过提高效率、向清洁能源过渡和推广可再生能源来减少碳排放的研究人员、行业和政府机构来说很有价值。此外，这份报告含有位于排放源附近适合二氧化碳封存的地点位置，对于沙特二氧化碳捕集、利用和封存项目的开展很有参考价值。

类似地，可作出中东其他国家二氧化碳排放量分布和强度图，为二氧化碳捕集选址提供依据。

中东地区具有碳捕集、利用与封存的有利条件。碳捕集项目目前在中东仍处于早期阶段，有几个碳捕集项目正处于试验和规划阶段。

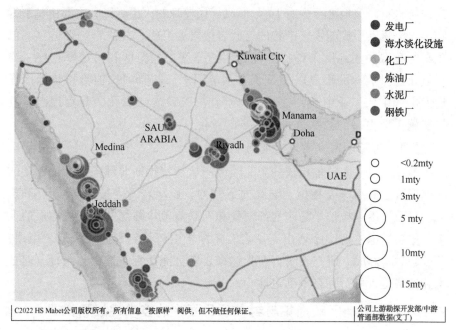

图 2.1　2020 年沙特 6 大工业部门的二氧化碳排放量分布和强度气泡图

2.1.4.2　挑战

（1）地质适应性：中东地区应用碳捕集与封存技术进行二氧化碳封存面临主要挑战之一是该地区的地质适应性。碳捕集与封存技术的有效性在很大程度上取决于识别适宜的地质构造和储层封存二氧化碳的能力。在中东地区，目前仍在评估什么样的地层是合适的地层可用于二氧化碳封存。

（2）高成本：碳捕集与封存技术存在应用成本高的问题，高成本是阻碍碳捕集与封存技术应用的主要障碍之一。高成本主要表现在技术的复杂性以及对捕集、运输和封存二氧化碳的大量基础设施的需求。高成本对中东地区的某些国家，尤其是那些经济体量较小的国家来说是一个巨大的挑战。

（3）公众认知：公众对碳捕集与封存技术的认知在中东地区也是一个挑战。碳捕集与封存技术相对来说还是一项新技术，公众对其了解程度不高。因此，可能会引起人们的担心，担心这项技术的安全性和有效性，从而阻碍碳捕集与封存技术的应用。

（4）监管机制和缺乏政策支持：中东地区对碳捕集与封存技术应用的监管机制仍处于发展的早期阶段。因此，碳捕集与封存项目执行过程中的法律监管可能存在某些不确定因素，从而限制了投资的力度和部署的程度。海湾合作委员会对二氧化碳排放上限、二氧化碳收费定价和二氧化碳封存缺乏政策支持，与全球市场的其他更具先进机制的技术相比，缺乏监管机制和政策支持同样是最初部署碳捕集与封存技术应用的巨大障碍。

（5）碳捕集、利用与封存技术缺乏(碳价格方面的)财政激励政策：中东地区目前没有类似欧洲、加拿大和中国等地区的财政激励政策，不能刺激碳捕集、利用与封存技术的应用。

（6）数据可用性：国家石油公司拥有第三方不能获得的大量地质方面的知识专利，这也是阻碍参与者进入碳捕集、利用与封存项目的障碍。

2.1.4.3 机遇

（1）高二氧化碳排放量：中东地区盛产石油和天然气，石油行业较为发达，二氧化碳排放量也非常高。高二氧化碳排放量使得中东地区成为实施碳捕集与封存技术应用的理想场所，碳捕集与封存技术是减少二氧化碳排放和应对气候变化的主要手段。碳捕集与封存技术可以帮助该地区实现碳减排目标，同时保持其经济竞争力。

（2）已探明的油藏和气藏：中东地区拥有世界上最大的已探明油藏和气藏。这些油气藏进而可以用来封存二氧化碳，从而使得中东地区成为碳捕集与封存项目的一个很有吸引力的地区。

（3）政府支持：中东地区目前已经有几个国家的政府明确表示支持碳捕集与封存技术的开发和部署。这就使得碳捕集与封存项目在本地区的部署有了一个很好的投资环境。

（4）可再生能源的互补性：碳捕集与封存技术在中东地区的应用对太阳能和风能等可再生能源的部署是一个很好的补充。随着该地区寻求向低碳经济转型，碳捕集与封存技术成为了一种减少化石燃料燃烧排放的手段，而可再生能源则有希望完全取代化石燃料的使用。

（5）经济多元化：碳捕集与封存技术在中东地区的应用同样可以为经济多元化创造机会，能够创造出更多的商机和就业机会，尤其是工程、建筑和项目管理等领域。

2.2 风能、太阳能技术

2.2.1 风能

2.2.1.1 动力提取机制

　　风是由地球运动和大气变化(如温度和压力波动)引起的。传入的风被风力涡轮机捕获，它通常有三个空气动力学形状的叶片。一旦风流经涡轮叶片，就会在叶片一侧形成一个低压气囊。叶片被吸向低压气囊时，转子也会随之旋转。在叶片的前侧，风力(阻力)比拉力要弱得多，后者被称为升力。由于升力和阻力的相互作用，转子像螺旋桨一样旋转。齿轮箱有一系列齿轮，将涡轮转子从大约 20r/min 加快到 2000r/min 或更多。这种旋转速度使涡轮发电机能够产生交流电。产生的电力的电压通过变压器升压，然后通过各种控制和传输机制馈送到输电线路上，供最终用户使用。

2.2.1.2 陆上风力发电

　　风力涡轮机利用机械能提取风中的能量。图 2.2 是典型的风力涡轮机示意图。最常见的风力涡轮机可以是如图 2.3 所示的水平轴风力涡轮机(HAWT)和垂直轴风力涡轮机(VAWT)。

wind. energy. gov

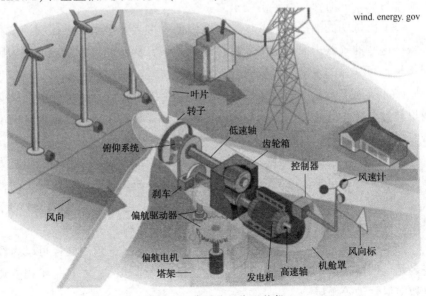

图 2.2　典型的风力涡轮机

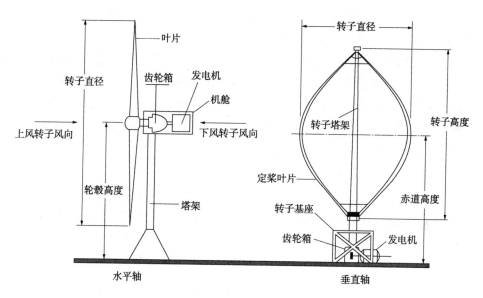

图2.3 水平轴和垂直轴风力涡轮机

（1）水平轴风力涡轮机（HAWT）。

一台水平轴风力涡轮机通常由两到三个叶片组成，这些叶片位于与风力涡轮机塔架垂直的低速轴上连接到齿轮箱的中心枢纽上。高速轴将齿轮箱与发电机连接起来。水平轴风力涡轮机被用于陆上和海上的风能应用中。位于塔架顶部的机舱单元包含所有组件。发电机产生电力，通过变压器、控制器和电线输送到电网中。

水平轴风力涡轮机在大小和效率方面技术已经成熟。水平轴风力涡轮机占据了风能行业的大部分。然而，水平轴风力涡轮机的缺点是通常较重，并且在湍流风中发电效果不佳。随着市场需求和技术的发展，风力涡轮机的功率输出和叶片直径逐年增加。西门子Gamesa在2020年推出了SG 14-222 DD海上风力涡轮机，其转子直径为222m，容量达到15MW。由于可靠的整体叶片技术和最新一代海上直驱涡轮机技术（SGRE，2020年），SG 14-222 DD比其前身产生了超过25%的AEP（年度能源产量）。未来预计海上风力涡轮机将具有额定输出功率20MW或更高。

（2）垂直轴风力涡轮机（VAWT）。

垂直轴风力涡轮机是主转子轴与风方向垂直的风力涡轮机，主要组件位于涡轮底部。该配置将发电机和齿轮箱放置在靠近地面的位置，使得维修更加容易。垂直轴风力涡轮机不需要对准风向,因此无须使用风感应和定位机制。转子可以接受来自任何方向的风流。

垂直轴风力涡轮机有两个或更多的叶片沿着垂直轴线放置。根据技术不同,转子或螺旋桨通过齿轮箱直接连接到地面发电机上。由于这些涡轮机的齿轮箱和发电机都是地面安装的,所以垂直轴风力涡轮机的尺寸受到塔架高度限制。此外,它们占用较少土地空间并且损失较低,从风中提取的能量较少。与水平轴风力涡轮机相比,其效率要低一些。

2.2.1.3　海上漂浮式风力发电

海上漂浮式风力发电提取是一种新兴但快速发展的技术,用于在深海中捕获风能,如图2.4所示。在这些地区,固定基础型号风力涡轮机难以建造、运营和维护。对于那些缺乏适合开发风能的土地的国家来说,海上漂浮式风电场是一个福音。这种海上安装可以最小化甚至消除视觉和噪声污染。

漂浮式风力涡轮机是一种安装在漂浮式平台或基座上的海上风力涡轮机(图2.4)。世界上第一个商业化的海上漂浮式风电场是 Hywind Scotland。这五台漂浮式风力涡轮机(每台6MW,来自 Hywind,轴高为101m,转子 Φ154m,额定风速10.1m/s)位于苏格兰彼得黑德以外29km(Hill,2018年),总装机容量为30MW。在严峻的运行环境下,漂浮式基座已经证明了其功能性和长期工作寿命。海上漂浮式平台的基本技术问题在石油和天然气领域已经广为人知,并且通过包括动态特性和不同负载模式在内的适应,可以轻松地用于海上风电场。漂浮式风电场的商业化预计将在2020—2025年实现。漂浮式基座提供:

(1) 海上装置的灵活性和简易性;

(2) 在深海获得优越的风力资源;

(3) 能够在浅海陆架有限的沿岸地区定位;

图2.4　海上漂浮式风力涡轮机

（4）能够将涡轮机定位在深海以避免视觉影响；

（5）一体化船体（Roddier 等，2010 年）。

漂浮式基座的四个主要概念是驳船、半潜式、海藻浮标和张力腿平台。

2.2.1.4 风力发电技术挑战

风力涡轮机和其他能量转换器一样，由于转换和传输损失，无法将风的 100% 功率转化为电力。风力涡轮机的效率受到下游风速相对于上游风速的降低而受限，同时保持风流连续性。

额外的效率损失是由于转子叶片上的黏性和压力阻力、转子诱导旋涡以及功率传输引起的。图 2.5 描述了理论功率系数与桨尖速比之间的关系。因此，具有高桨尖速比的大型双叶或三叶风力涡轮机可以达到约 50% 的最大效率。根据阿尔伯特·贝茨（Albert Betz）的研究，风力涡轮机可能达到的最大效率为 59.3%（Kuik，2007 年）。大多数风力涡轮机的发电效率为 30%～35%。

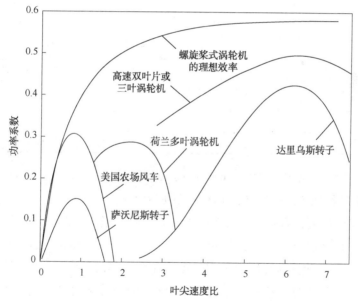

图 2.5 不同类型风力涡轮机的效率评级及其上限

风力发电技术面临的挑战在于如何提高现有和新型风力涡轮机的额定功率。研究重点应该首先解决质量和结构问题，开发新的更轻材料上。接下来，应该在改进风力涡轮机的叶片上下功夫，以提高将风能转化为动能的效率。可以通过修改叶片几何形状，在风洞中进行测试和开发模拟模型解决风力涡轮机叶片效率问题。

2.2.1.5　沙特阿拉伯的风能潜力

沙特阿拉伯有能力产生超过 200GW 的陆上风能，平均容量因子为 35.2%，高于大多数领先风能生产国家，如美国（33.9%）、英国（27.8%）、丹麦（28.4%）和德国（19%）。沙特阿拉伯的一些地区，如 Aqaba、Jahid、Taif 和 Yadamah 拥有高风速和有前途的容量因子（表 2.1），可以使风能项目成为现实。

表 2.1　沙特阿拉伯具有高风能容量的地区

地区	100m 高度的平均风速/（m/s）	至国家电网距离/km	至最近负荷中心距离/km	面积/km²	风电技术潜力/MW	预估 P50 容量因子/%
Aqaba	7.4	<50	<100	4337	7000	39.0
Yanbu	6.9	<80	<80	3135	7000	32.0
Al Madinah	7.4	<150	<150	13172	30000	32.7
Taif	7.5	70~150	< 200	25073	55000	35.3
Jahid	7.9	200	400	25369	55000	39.8
Juaymah	6.7	<50	20~70	4770	11000	31.2
Yadamah	7.7	<200	<200	10560	70000	36.4
总值/平均值	7.4				>200000	35.2

沙特阿拉伯希望到 2025 年产生 10GW 的风能，在这个过程中将为该国增加 7500 多个就业机会和 150 亿美元的 GDP。

沙特阿拉伯拥有陆上和海上风电技术项目。最大的陆上风电场是杜马特·阿尔贾达尔项目，容量为 400MW。海上风能潜力估计为 30GW。

2021 年，沙特阿拉伯的风力发电容量为 3MW，该国的风力发电量为 5GWH。预计 2022—2035 年，沙特阿拉伯的风力发电装机容量将增加 5966MW，届时风力发电预计占总装机容量的 4%。陆上风能发电容量从 2010 年的 0MW 增长到 2021 年的 3MW。预计到 2035 年，陆上风能发电将达到 4969MW，在 2021—2035 年以 71% 的复合年增长率增长。海上风能发电容量预计将在 2035 年底达到 1000MW。

2.2.2 太阳能

2.2.2.1 太阳能利用技术

有不同的技术捕获太阳辐射并将其转化为可用能源。这些技术使用主动式太阳能或被动式太阳能。

（1）主动式太阳能。

主动式太阳能是指捕获并储存以备将来使用的太阳能。换而言之，主动式太阳能是通过使用电力或机械装置将太阳能积极地转化为另一种形式的能源，最常见的是热和电力。这是一种可持续利用太阳光的方式。用于加热的太阳能系统包括光伏板、电压控制器、鼓风机、泵和集热器。此外，这种太阳能系统可以配备储存所收集到的太阳能的电池，以备将来需要更多能源时使用。收集到的太阳能可以为家庭和建筑物创造热量和电力。

（2）被动式太阳能。

被动式太阳能技术是一种自然利用太阳能的技术，不使用任何外部设备，不需要额外的外部能源来源。相反，它通过设计建筑和结构最大化地增加进入空间的阳光量，并使用自然材料和系统分配和储存热量，利用当地气候的优势，在冬季为建筑物供暖，并在夏季反射热量。这种系统包括大型朝南的窗户、蓄热墙和允许自然空气流通的通风系统等。被动式太阳能系统通常用于住宅和商业建筑中，以降低能源成本并对环境的影响最小化。

2.2.2.2 光伏太阳能发电技术

光伏（PV）太阳能发电技术是一种利用光伏电池将阳光转化为电能的技术。这些光伏电池由半导体材料（如硅）制成，被封装在玻璃后面，形成光伏组件，吸收来自太阳的光子并释放电子，形成电流，其典型使用寿命为20~40年。光伏太阳能板常用于住宅和商业应用，以产生清洁、可再生的能源。它们可以安装在屋顶上、地面上或集成到建筑材料中。光伏太阳能是一种可持续的、环保的、替代传统化石燃料的能源。

目前市场上有三种主要类型的太阳能电池板：单晶硅、多晶硅和薄膜。所有类型的电池板都有优缺点。单晶硅太阳能电池板效率最高，可以达到20%以上。多晶硅电池板的效率通常只能达到15%~17%。

2.2.2.3 聚光太阳能发电技术

聚光太阳能发电（CSP）技术是一种利用镜子或透镜将太阳辐射聚焦到

一个小区域的接收器上以产生高温热量加热流体，然后用于产生蒸汽并驱动涡轮机发电的技术。由于聚光太阳能发电可以储存所产生的热量，因此该过程可以持续重复进行。它因此可在没有太阳、日出前和日落后的天气条件下使用。

普通太阳能热能系统需要太阳，并在日落后变得无用。然而，聚光太阳能发电系统可以将热能储存在熔盐中，使其即使在日落后仍可继续发电。

目前有四种光学类型的聚光技术：抛物面槽式、抛物面碟式、聚光线性菲涅耳式反射器和太阳能功率塔式(图 2.6)。抛物面槽式和聚光线性菲涅耳式反射器被归类为线性聚光集热器类型，而碟式和太阳能功率塔式则是点聚光类型。线性聚光集热器可以获得中等的浓缩系数(50 倍或更多)，而点聚光集热器可以获得高浓缩系数(500 倍或更多)。由于它们很简单，这些太阳能聚光器远远达不到理论最大浓度。例如，抛物面槽式聚光器在设计接受角度下产生的浓缩效果仅为理论最大值的 1/3。使用基于非成像

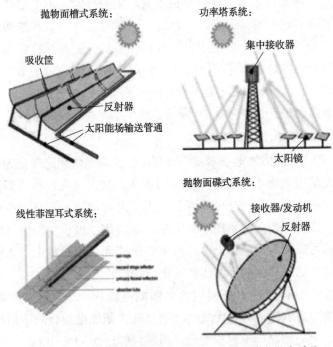

图 2.6　聚光太阳能发电：抛物面槽式系统、功率塔式系统、
线性菲涅耳式系统和抛物面碟式系统

光学的更复杂的聚光器，可以接近理论最大值。不同类型的聚光器由于追踪太阳和聚焦光线的方式存在差异，因此产生不同的峰值温度和相应变化的热力学效率。聚光太阳能发电中的创新技术正在推动系统变得越来越具有成本效益。另外，聚光太阳能发电技术系统可以与其他电力来源结合起来创建混合动力发电厂。例如，它可以与使用燃料如煤、天然气和生物燃料的火力发电厂相结合。

2.2.2.4 太阳能热能技术

有两种主要方法捕获太阳的能量：直接使用太阳光伏(PV)板发电或间接地利用太阳热技术产生热量。虽然这两种太阳能源类似，但它们的成本、优势和用途不同。

太阳能热能(STE)技术是通过将太阳能转化为热能的技术。有几种方法可以利用太阳能热能技术使商业和工业建筑可持续并更加节能。太阳能热能囊括了任何利用阳光并将其转化为热量的技术。这种热能可以用于三个主要目的：转化为电力、对家庭或商业用水进行加热或者加热房屋内部空间。这些选项中的每一个都需要不同的技术，但所有这些都利用太阳能来抵消您的部分能源需求。太阳能热能与光伏发电不同，因为太阳能热能技术利用太阳的热量产生能量，而光伏发电则利用像硅这样的半导体材料所具有的"光伏效应"从太阳光中直接产生电流。

太阳能热能集热器包含三种类型，即低温集热器、中温集热器和高温集热器。其中，无釉低温集热器通常用于加热游泳池或通风空气；中温集热器通常是平板形式，用于为家庭和商业应用加热水或空气；高温集热器采用镜子或透镜来聚焦阳光，通常用于工业中满足高达300℃/2MPa的热需求和发电。

沙特阿拉伯投资研发新的太阳能应用技术取得重要进展。阿卜杜拉国王科技大学(KAUST)成立了一个研究中心，专注于开发更高效、更具成本效益的新型光伏太阳能技术。

2.2.2.5 沙特新型球形太阳能电池技术

KAUST微系统工程的研究人员设计了一种新的球形太阳能电池，旨在从每一个角度提高太阳能收集潜力，而不需要昂贵的移动部件来追踪太阳在天空中的运动轨迹。这种球形太阳能电池原型是一个微小的蓝色球体。球形结构增加了太阳能电池的"角度视野"，这意味着它可以从更多的方向收集太阳光。同时，球形结构电池表面不易积聚灰尘，并且可能有助于散热。该研究团队使用占世界太阳能发电量近 90% 的单晶硅太阳能电池制造了球形太阳能电池，其目的在于帮助单晶硅太阳能电池实现最大化的光收集潜力，从而进一步降低成本效益，扩大生产规模。

用太阳能模拟器灯进行的测试表明，球形太阳能电池在直接暴露于阳光下时，其功率输出比传统的平面太阳能电池高出 24%；在两种类型的太阳能电池都开始变热并且功率效率受到一定损失后，球形太阳能的功率输出跃升至 39%，这表明其在散热方面可能具有一定优势；当球形太阳能电池只能在模拟屋顶下收集散射的阳光而不是直接接受阳光照射时，其功率输出比平面太阳能电池高出 60%。在不同的反射背景下进行的其他实验（包括铝杯、铝纸、白皮书和沙子）表明，六角形铝杯背景材料可使球形太阳能电池功率输出比平面太阳能电池高达 100%。室内实验已经表明，与具有相同总表面积的平板太阳能电池相比，它可以实现超出 15% ~ 100% 的功率输出，具体则取决于将阳光反射到太阳能电池中的背景材料。

研究人员已经开始设计和开发使用"机器人手"模仿手动折叠自动化形成球形太阳能电池过程。目前，球形太阳能电池仍有许多未完成的测试，研究人员希望了解球形太阳能电池在一天中的不同时间在各种室外和室内照明环境中的性能。同时，也希望了解制造此类球形太阳能电池所需的所有处理步骤的"量化成本"，以便更好地了解该技术的商业化潜力。

现阶段，球形太阳能电池仍不能替代大规模太阳能发电厂的传统太阳能电池，但这种特殊的球形太阳能电池设计可以在更多的细分市场应用中找到用途。

2.2.2.6 沙特新型光伏板冷却技术

KAUST 开发的一种冷却系统将原型太阳能电池板的效率提高了 20%，并且不需要外部能源就能运行。

商用硅光伏电池板只能将一小部分吸收的太阳光转化为电能，而其余的辐射则变成了热量。由于太阳能电池板的温度每上升 1℃，其效率就会降低，因此在阿拉伯沙漠等炎热的环境中，散热问题就会变得更加突出。用传统技术（包括制冷或空调）为太阳能电池板降温的努力往往会消耗更多的能量，而不是通过提高效率来获得的能量。现在，KAUST 的水淡化和再利用中心制作出一种概念验证装置，旨在通过利用地球气候的自然属性来解决这一难题。

此前，KAUST 的研究人员开发了一种含有氯化钙的聚合物，这是一种强大的干燥剂。当暴露在潮湿的空气中时，这种材料会随着钙盐将水拉入凝胶中而逐渐膨胀，最终使其初始质量增加一倍。通过在聚合物框架中加入吸热的碳纳米管，研究小组发现，他们可以逆转这种循环，利用太阳能触发水的释放。这种凝胶能够自我附着在许多表面上，包括太阳能电池板的底部。完全填充的凝胶可以释放出足够多的水分，使电池板的温度降低10℃。之后研究小组在概念原型上进行室外测试发现：在夏季和冬季，凝胶体在一夜之间从闷热的空气中吸收水分，然后在白天温度升高时释放出液体。令人惊讶的是，太阳能电池板的效率提高了，甚至比室内实验的效率还高，研究人员推测，这一跃升可能是由于室外的热量和质量传递等方面的改善。

这种冷却技术可以满足许多应用的要求，而且很容易适应不同的尺度。这种技术可以做成小到几毫米的电子设备，大到几百平方米的建筑，甚至更大的规模，用于发电厂的被动冷却。

2.2.2.7 沙特高效钙钛矿/硅串联太阳能电池技术

由 KAUST 太阳能中心领导的科学家开发的单片钙钛矿/硅串联太阳能电池获得了 33.2% 的能量转换效率。欧洲太阳能测试机构(ESTI)已经对这一结果进行了认证。凭借以上转换效率，钙钛矿/硅串联技术目前已成为标准照明条件下最有效的双结太阳能电池技术，甚至超过了 Ⅲ-Vs 技术。33.2% 的效率刚刚被添加到 NREL 图表中，这些电池确实是对原有设备的进一步升级。

2023 年 1 月，KAUST 宣布，基于纹理硅片的钙钛矿—硅串联太阳能电池的功率转换效率为 28.1%。2022 年 8 月，KAUST 宣布声称单片钙钛矿—硅串联光伏器件的效率为 26.2%。

2021 年 12 月，KAUST 的研究人员基于堆叠在硅异质双结上的 n-i-p 钙钛矿，在面积约 $1cm^2$ 的串联太阳能电池上实现了 28.2% 的功率转换效率。该研究小组最近宣布了一种倒置钙钛矿—硅串联太阳能电池，在钙钛矿层和空穴传输层(HTL)之间放置了一层 1 纳米的氟化镁(MgFx)中间层，以减少电压损失。

2.3 氢能技术

作为一种能源载体，氢是一种多用途清洁燃料，可通过水、生物质以及各种可再生能源电解等过程产生。氢在向可持续能源过渡中起着关键作用，可以实现多个领域的脱碳目标，包括交通、工业和发电领域。

2.3.1 制氢技术

2.3.1.1 蒸汽甲烷重整制氢

（1）蒸汽甲烷重整（SMR）原理和主要组成部分。

SMR 是一种常见的氢能生产方法，其原理是甲烷（天然气的主要成分）和蒸汽在高温和催化剂作用下发生反应，产生氢气（H_2）和一氧化碳（CO）。

SMR 工艺中涉及的主要组成部分：甲烷（CH_4）：甲烷，天然气的主要成分，是 SMR 的碳氢化合物原料，由一个碳原子和四个氢原子结合而成。蒸汽（H_2O）：作为 SMR 的关键反应物，水蒸气或蒸汽与甲烷发生反应，产生氢气和一氧化碳。蒸汽也有助于维持反应过程中所需的温度。催化剂：催化剂用于加快反应速度，让甲烷和蒸汽在较低温度下转化为氢气和一氧化碳。镍基催化剂因其有效性和稳定性广泛用于 SMR。反应器：反应器是发生 SMR 反应的容器或反应室，提供反应所需受控环境，如高温和催化剂。热源：SMR 工艺需要一个热源来维持反应所需温度，通常可以通过直接燃烧燃料或使用其他工业过程的废热提供热量。

蒸汽甲烷重整（SMR）工艺采用丰富的天然气为原料，是一种成熟的大规模制氢方法。然而，需注意，SMR 工艺会排放二氧化碳，作为副产物，从而加剧温室气体排放。

（2）SMR 工艺的效率、碳排放及相关挑战。

甲烷蒸汽重整（SMR）是一种成熟的常用制氢工艺，能高效地将天然气中的化学能转化为氢气。就低位热值（LHV）而言，SMR 可实现约 65% ~ 75% 的效率，这意味着天然气中的大部分能量将转化成可用氢气。

SMR 工艺的主要挑战之一是产生碳排放。SMR 的主要副产物是一氧化碳，一种温室气体。此外，该过程还会排放二氧化碳，即每生产 1kg 氢气，就会排放约 9~11kg 二氧化碳。这些碳排放加剧了气候变化和大气中温室气体的积累。

除碳排放外，SMR 还面临多项挑战，包括：环境影响：SMR 工艺产生的碳排放加剧全球变暖和气候变化。随着人们日益关注如何减少温室气体排放，找到减少或捕捉 SMR 产生的二氧化碳的解决方案变得至关重要。依赖化石燃料：SMR 工艺依赖天然气，这是一种化石燃料。继续依赖化石燃料生产氢气，可能妨碍向完全可持续和可再生能源系统的过渡。目前正在努力探索替代原料，如生物质或可再生电力，以缓解这一挑战。基础设施需求：SMR 工艺需要大量基础设施，包括重整装置、储存设施以及天然气和氢气输配网。扩大和改造基础设施以适应日益增长的氢气需求，这可能是物流和财政上的挑战。碳捕捉和储存（CCS）：利用 CCS 技术捕捉和储存 SMR 工艺排放的二氧化碳既复杂又昂贵。开发和推广有效的 CCS 方法对于减少 SMR 的环境影响至关重要。竞争技术：SMR 面临来自其他制氢方法的竞争，如通过可再生能源电解制氢的方法。这些替代技术提供了零碳制氢的可能性，并随着对清洁能源需求的增加而备受关注。

为应对这些挑战，目前研发工作侧重于提高 SMR 效率，开发碳捕捉技术，探索替代原料，并推进可持续制氢方法发展。

2.3.1.2　电解制氢

（1）电解原理及其亚类。

电解是利用电流将水分子分解成氢气（H_2）和氧气（O_2）的过程，涉及水电解，即利用电解质和电流将水分解成其组成元素。电解原理包括关键组成部分和步骤：电解质：电解质系指允许电流流动的导电溶液或材料。在电解制氢过程中，水即为电解质。在电解质存在的情况下，水分子（H_2O）分解成氢离子（H^+）和氢氧根离子（OH^-）。电极：电极是指促进电流进入电解质的导电材料。电解中使用两种电极。阳极。阳极是发生氧化反应的正电极，吸引带负电荷的离子（阴离子），如氢氧根离子（OH^-）和氧离子（O^{2-}）。在阳极发生氧化反应，产生氧气（O_2）或其他氧化物。阴极。阴极是发生还原反应的负电极，吸引带正电荷的离子（阳离子），如氢离子（H^+）。在阴极发生还原反应，产生氢气（H_2）。电流：连接到阳极和阴极的外部电源，如直流（DC）电源。电流流过电解质，引起电解反应。电解的亚类包括：碱性电解。碱性电解利用碱性电解质，通常是氢氧化钾（KOH）或氢氧化钠（NaOH）溶液。这种方法非常成熟，已经使用了几十年。碱性电解通常使用镍或镍基电极。质子交换膜（PEM）电解。PEM 电解采用固体聚合物电解质，通常是质子交换膜。PEM 仅允许质子(H^+)通过，并阻挡其他物质。质子交换膜电解在较低温度下进行，可以快速响应电流变化，因此适用于间歇性电源，如可再生能源。PEM 电解在电极上使用铂基催化剂。

就效率、成本和可扩展性而言，碱性电解和 PEM 电解均有其优点和局限性。PEM 电解以其高效率和快速响应而闻名，而碱性电解则规模更大，使用历史更久。

（2）可再生能源整合和环境效益。

将可再生能源整合到电解中，是生产绿色或可再生氢气的关键策略。利用太阳能、风能、水能或地热能等可再生能源发的电制氢，可显著降低对环境的影响。

整合太阳能发电：太阳能光伏（PV）板将阳光直接转化为电能。将这种太阳能电力用于电解过程，为制氢提供可再生能源。在太阳能发电高峰期，多余电力可以转化为氢气储存，以备后用或输入电网。

整合风能发电：风力涡轮机利用风的动能发电。通过将风力发电场连接到电解系统，在有风的情况下，可以利用风力涡轮机产生的间歇性电力进行制氢，这有助于平衡可变发电量，并将多余能量转换为氢气储存。

整合水能发电：流水产生的水能可用来发电。电解系统可位于水力发电厂附近，便于利用水力发电厂产生的清洁电力和可再生电力来制氢。

整合地热能发电：地热能利用地球内部储存的热量来发电。地热发电厂可以提供电解所需的电力，为制氢提供可再生能源。

将可再生能源整合到电解中，可带来诸多环境效益：碳排放减少：使用可再生能源代替化石燃料进行电解，大大减少甚至消除制氢产生的碳排放。基于可再生能源的电解过程产生绿色氢气，在氢气使用过程中无碳排放。减缓气候变化：碳排放的减少有助于降低温室气体排放，从而减缓气候变化。用作清洁能源载体时，可再生能源生产的绿色氢气有助于交通和工业等各领域实现脱碳。改善空气质量：用可再生能源替代化石燃料制氢，可以减少传统能源生产产生的污染物和颗粒物质排放，改善当地空气质量。整合可再生能源：电解提供了一种储存过剩可再生能源的方法，可防止供应过剩时能源减少或浪费。可再生能源发电量较低时，可以储存和利用由此产生的氢气，确保更好地利用可再生资源。能源独立和安全：利用可再生能源制氢，可以减少对化石燃料进口的依赖，促进能源独立。此外，通过实现能源组合多样化和利用国内可再生资源，可以加强能源安全。

（3）电解现状及潜力。

随着该领域的关注增加和技术进步，目前电解制氢工艺具有较好的发展前景，包括以下几个关键方面：

商业电解系统：电解系统，尤其是基于质子交换膜（PEM）技术的电解系统，市场有售，常被用于制氢。这类系统应用广泛，如加氢站、能量储存和工业工艺。碱性电解系统也有市售，且使用历史较长。

规模不断扩大：电解系统正在大规模开发和部署，以满足日益增长的氢气需求。商业规模的项目正在进行中，包括可以生产大量氢气的多 MW 装置。扩大电解规模对于降低成本和整合可再生能源非常重要。

提高效率：研发工作的重点是提高电解过程的效率。这包括电极材料、催化剂和系统设计的进步。在高温下操作的高温电解显示出提高效率和降低能源需求的潜力。

降低成本：由于技术进步、规模经济和可再生能源成本的降低，电解成本逐年下降。随着可再生能源成本的持续下降，电解对于大规模制氢变得更加经济可行。正在进行的研究旨在进一步降低与电解系统相关的资本和运营成本。

电解亚类：不同电解亚类，如 PEM 电解和碱性电解，为各种应用和操作条件提供了灵活性。PEM 电解以其快速响应和动态操作而闻名，适合于间歇性可再生能源。碱性电解使用历史较长，具有经过验证的可靠性和可扩展性。

电转气应用：电解在电转气应用中起着至关重要的作用，通过电解，可将多余的可再生能源转化为氢气进行储存和运输，以备后期用于发电或其他应用，这提供了一种能量储存和电网平衡的方式。

绿氢生产：由可再生能源提供动力的电解能够生产绿氢，绿氢使用过程中无碳排放。绿氢作为交通、工业和供暖等领域脱碳的关键使能因素，得到的关注越来越多。

电解制氢工艺具有巨大潜力，包括：

可再生能源整合：电解提供了一种将可再生能源有效转换成氢气并储

存的方法，有助于将间歇性可再生能源整合到能源系统中。

脱碳：电解为难以直接实现电气化的各领域提供了脱碳途径，如重型运输、工业加工和供热等领域。通过电解产生的绿色氢气可以替代化石燃料，这有助于减少温室气体排放。

能量储存：利用电解工艺，将过剩可再生能源转化为氢气，从而实现大规模能量储存。氢气可以储存起来以备后用，有助于解决可再生能源的间歇性问题，并提高电网稳定性。

领域耦合：利用电解产生的氢，可以整合不同能源领域（如电力、运输和供热等领域），实现领域耦合，并提供一种多功能能量载体，用于各种应用，包括燃料电池汽车、发电和工业过程。

2.3.1.3　生物质气化制氢

（1）生物质气化过程及其制氢潜力。

热化学过程将农业废弃物、林业废弃物或能源作物等生物质原料转化为气体混合物，即所谓的合成气。这种合成气主要由一氧化碳（CO）、氢气（H_2）、二氧化碳（CO_2）和微量的其他气体组成。生物质气化过程包括几个关键步骤：

原料制备：

① 通过去除杂质和减少水分含量：收集和制备生物质原料，以加强气化过程。

② 气化：制备好的生物质在气化炉中经过高温和有限供氧（部分氧化）处理，通过不完全燃烧生成合成气。

气化过程通常使用气化炉，包括：

① 固定床气化炉：将生物质装载到固定床，利用热气体或空气进行生物质气化反应。

② 流化床气化炉：生物质颗粒悬浮在向上流动的气流中，形成流化床。生物质与气流发生反应，促进气化。

③ 气流床气化炉：精细研磨生物质，并将其与高速氧化剂（如蒸汽或空气）一起送入气化炉。生物质颗粒被夹带在气流中经历气化。

④ 气体净化：生物质气化过程中产生的合成气含有杂质，如焦油、颗粒、硫化合物和灰分。需除去这些杂质，以确保合成气的质量和可用性。

⑤ 合成气利用：净化后的合成气可用于各种目的，包括制氢。可以使

用不同方法从合成气中分离氢气，如水煤气变换反应、变压吸附或膜分离。

生物质气化制氢的潜力巨大，主要因为其利用可再生生物质原料，可以实现碳中和甚至负碳过程。生物质气化制氢的主要益处和潜力包括：

① 可再生能源：用于气化的生物质原料来自有机废物或专用能源作物，使其成为可再生能源，这有助于减少对化石燃料的依赖，并建立可持续的能源系统。

② 碳中和：原料来源可持续时，生物质气化制氢工艺可被视为碳中和工艺。气化过程中排放的 CO_2 被生物质生长过程中捕捉的碳抵消，使得大气中 CO_2 的量无净增加。

③ 能量储存：生物质气化提供一种以氢气的形式储存可再生能源的方法。生物质气化产生的氢气可以储存以备不时之需，这有助于解决可再生能源的间歇性问题。

④ 分散生产：生物质资源广泛，为分散制氢提供了条件。分散制氢可以提高能源独立性，刺激当地经济。

⑤ 协同效益：生物质气化可提供除制氢以外的多种益处，如产生热量、电力或生物燃料。综合生物炼制概念可以优化资源利用，最大限度地提高生物质的价值。

（2）生物质气化制氢的局限性。

① 原料可用性：确保生物质原料的持续供应是一项挑战。

② 气体净化和处理：气化过程中产生的合成气含有杂质，需去除这些杂质才能高效地生产氢气。

③ 技术复杂性：生物质气化需要先进的气化系统和气体净化技术，这可能增加工艺的复杂性和成本。

④ 规模和效率：实现高效、大规模的生物质气化系统仍然是一个挑战。

（3）生物质气化制氢的当前研究。

① 原料优化：研究侧重于确定和开发用于高效气化和制氢的最佳生物质原料。

② 气化炉技术进步：当前研究旨在改善气化炉的设计和操作，重点在于提高气化炉的效率、可靠性和可扩展性。

③ 气体净化和合成气处理：开发先进的气体净化技术和合成气处理方法是当前研究的一个活跃的领域。

④ 过程集成和优化：研究旨在优化整个生物质气化过程，包括热整合、能量回收和系统优化。

⑤ 催化剂开发：催化剂研究的重点是提高合成气转化和氢气分离过程的效率。系统经济学和可持续性，研究工作旨在提高生物质气化制氢的经济可行性和环境可持续性。

除上述传统和新型氢气外，还有其他几种正在研究和开发的新兴制氢方法。

2.3.1.4 光电化学水分解制氢

光电化学(PEC)水分解利用阳光和特殊材料，通过光电化学电池将水直接转化为氢气和氧气。这种方法具有高效和可持续制氢潜力，但需在材料和技术上取得进步。

2.3.1.5 生物制氢

生物过程，如微生物发酵和藻基系统，可以通过某些微生物的活动产生氢气。这类方法利用有机物或光合作用产生氢气。然而，其效率和可扩展性仍需进一步改进，以实现商业可行性。

2.3.1.6 高温电解制氢

高温电解(HTE)制氢包括使用固体氧化物电解池(SOEC)在高温下电解蒸汽。高温提高了电解过程的效率，降低了能量需求和成本。HTE仍处于研发阶段，其大规模部署仍需进一步发展。

2.3.1.7 各类氢气

(1) 绿氢。

利用可再生能源生成的电力，通过电解水生成绿氢，包括通过施加电流将水分子(H_2O)分解成氢气(H_2)和氧气(O_2)。主要使用两种主要电解技术生成绿氢。

质子交换膜(PEM)电解：该技术使用固体聚合物电解质膜，施加电压时，选择性地允许质子传输。

氢离子(质子)被吸引到阴极：在阴极结合形成氢气，在阳极排放氧气。碱性电解制氢方法是使用碱性溶液作为电解质，通常是氢氧化钾

（KOH）。电流通过溶液时，阴极产生氢气，阳极产生氧气。

PEM 电解和碱性电解技术均可用于绿氢生产，其中 PEM 电解因其快速响应和动态操作，特别适用于间歇性可再生能源。

绿氢具有以下多种环境效益：

减少碳排放：绿氢的主要优势在于生产和使用过程中零碳排放。

使用可再生能源生成绿氢：避免了依赖化石燃料的传统制氢方法产生的温室气体排放。

改善空气质量：绿氢生产消除了化石燃料制氢产生的污染物和颗粒物，对当地空气质量有积极影响。

减缓气候变化：绿氢可以替代各领域的化石燃料，有助于减少温室气体排放和减缓气候变化。作为一种清洁能源载体，绿氢能够实现交通、工业和其他难以直接电气化行业的脱碳目标。

整合可再生能源：绿氢生产提供了一种储存和利用过剩可再生能源的方式，可防止供应过剩时能源减少或浪费，这有助于改善可再生能源在整个能源系统中的整合和利用。

（2）蓝氢。

通过 SMR 或 ATR 工艺重整天然气（通常是甲烷，CH_4）产生蓝氢。利用 CCS 技术捕捉和储存生产过程中产生的碳排放，防止排放到大气中。生产蓝氢步骤如下：

蒸汽甲烷重整（SMR）或自热重整（ATR）：在 SMR 过程中，天然气（甲烷）在催化剂作用下与高温蒸汽发生反应，产生氢气（H_2）和二氧化碳（CO_2）。

ATR 结合了 SMR 与部分氧化：利用氧气或空气部分燃烧甲烷，产生氢气、一氧化碳（CO）和二氧化碳的混合物。

碳捕捉和储存：通常通过吸收或吸附捕捉 SMR 或 ATR 过程中产生的 CO_2，然后将其压缩、运输并储存在地下地质构造中，如枯竭的石油和天然气储层或盐水层。蓝氢生产可以防止二氧化碳等温室气体排放。

蓝氢的环境影响如下：

减少碳排放：虽然蓝氢生产确实会产生碳排放，但通过 CCS 技术可以捕捉和储存大多数 CO_2。因此，与传统的制氢方法（如无 CCS 的 SMR）相比，蓝氢生产的碳排放量显著降低。

过渡燃料：蓝氢被视为低碳或零碳制氢过程中的一种过渡能源。与传统化石燃料制的氢气相比，能够减少碳排放，为更绿色的替代品提供了桥梁。

用水和空气质量：蓝氢生产过程需要大量的水产生蒸汽，如果控制不当，天然气燃烧会排放出氮氧化物（NO_x）和硫氧化物（SO_x）等污染物。

因此，需采取适当措施管理用水和尽量减少空气污染物的排放。蓝氢生产依赖天然气作为主要原料，这是一种化石燃料。这种对化石燃料资源的依赖对长期可持续性和能源转型目标提出了挑战。

（3）灰氢。

通过蒸汽甲烷重整（SMR）产生灰氢。SMR 是天然气（主要是甲烷，CH_4）在催化剂作用下与高温蒸汽发生反应的过程，并生成氢气（H_2）和作为副产物的二氧化碳。灰氢不包含任何碳捕捉或存储机制。

① 生产灰氢步骤：

蒸汽甲烷重整（SMR）：天然气（通常是甲烷）与蒸汽混合，并在催化剂（如镍）作用下经受高温 700～1000℃，甲烷和蒸汽通过一系列化学反应产生氢气和二氧化碳。

二氧化碳排放：SMR 过程中产生的二氧化碳作为副产品被排放到大气中。

② 灰氢对环境的影响：

碳排放：灰氢生产伴随着大量的碳排放，加剧温室气体排放和气候变化。

空气污染：在生产过程中，天然气燃烧会排放空气污染物，包括氮氧化物（NO_x）和硫氧化物（SO_x），如果管理不当，会对空气质量和人类健康产生不利影响。

③ 对化石燃料的依赖如下：

灰氢的生产依赖于化石燃料资源，主要是天然气。这种依赖加剧了有限资源的枯竭，导致碳密集型能源系统的持续应用。

④ 缺乏可持续性：由于碳排放量高和对不可再生化石燃料的依赖，灰氢不符合可持续性目标。

然而，值得注意的是，灰氢是目前制氢最经济可行的选择，但其环境影响仍是问题所在。

（4）棕氢。

通过煤气化或部分氧化，产生氢气、一氧化碳、二氧化碳和其他气体的混合物，从而产生棕氢。由于煤的碳含量高，这是一种碳密集型制氢方法。该过程排放大量二氧化碳和空气污染物，加剧温室气体排放和空气污染。

（5）蓝绿氢。

又称低碳氢，通常指利用天然气结合甲烷热解技术产生的氢气。甲烷热解包括将甲烷（CH_4）直接分解成氢气（H_2）和固体碳，而不排放二氧化碳（CO_2）。与灰氢相比，这种方法制氢产生的碳排放量更低。然而，蓝绿氢仍处于开发的早期阶段，仍需进一步的研究和技术进步，以实现商业规模的开发。

（6）黄氢。

也称为核氢，是利用核能为电解过程提供动力而产生的氢气。核反应堆产生的电力用于电解，将水分子分解成氢气和氧气。黄氢具有提供低碳氢源的潜力。然而，黄氢的广泛应用面临着诸多挑战，包括公众对核电的认知和接受，以及相关安全和废物管理等问题。

（7）粉氢。

有时也称为紫氢，是通过生物质气化或热解过程产生的氢气。生物质原料，如农业废弃物、森林废弃物或能源作物，通过热处理转化为气体或液体燃料，得到的气体或液体可以用作重整或气化制氢的原料。其商业可行性和可扩展性仍在探索研究中。

2.3.2 储氢技术

2.3.2.1 压缩储氢

（1）压缩储氢概述。

压缩储氢通过物理压缩氢气来减少其体积并增加其密度。通过压缩氢气，气体分子更紧密地结合在一起，允许在给定体积内储存更多氢气。

（2）储存方法、安全考虑和能量要求。

压缩氢气通常储存在由耐压材料制成的高压气罐中，如碳纤维增强复合材料、钢或铝。这类气罐能安全容纳压缩气体并保持其完整性。

可以用不同方法压缩氢气，包括机械压缩和低温压缩。

机械压缩：使用机械压缩机给氢气加压，如通过使用活塞、隔膜或其他机械设备减少气体积来压缩氢气。可采用多级压缩达到所需的压力水平。

低温压缩：低温压缩包括将氢气冷却到极低温度（通常低于其沸点，-253℃），使其变成液体，随后将液态氢储存在隔热罐中。需要时，加热、蒸发液态氢，并以气态氢的形式释放出来。

可在各种压力水平下储存压缩氢气，范围为 35~70MPa 或更高。更高压力允许更大储氢密度，但需要更强、更坚固的储存容器。

与其他储存方法相比，压缩储氢的优势在于简单、技术成熟以及成本相对较低，允许在紧凑空间内有效地储存大量氢气。然而，这种方法需能量压缩氢气，且要特别注意安全问题。

由于涉及高压，压缩储氢存在一定安全问题。因此，正确处理、认证储罐、材料兼容性、防漏、通风和消防安全措施等均必不可少。压缩氢气需要能量，压缩系统的效率影响能量消耗。使用可再生能源和能源回收系统可以减少环境影响。压缩技术的进步旨在增强安全性、降低能源需求并提高整体效率。

（3）基础设施要求和当前应用。

压缩储氢用于各种应用，包括燃料电池汽车（FCV）和需要氢作为原料或能源的工业过程。FCV 利用压缩氢气为燃料电池提供必要燃料，即将氢气转化为电能为车辆提供动力。

压缩氢基础设施需配备专用储存设施、加气站、输配管道、安全系统、运输设备、压缩技术以及监控系统等。基础设施对于安全有效地储存、运输和输配压缩氢气至关重要。

2.3.2.2 液态氢低温储存

（1）液态氢低温储存简介。

液态氢低温储存是指在极低温度下储存液态氢。氢气冷却到极低温度（低于其沸点，-253℃），使其凝结并转化为液态氢，然后，将液态氢储存在隔热容器或隔热罐中，以保持低温并防止蒸发。

（2）存储密度、挑战和专用基础设施需求。

氢气在低温下具有独特性质。液态氢的密度非常低（在-253℃时，密度为 70.8kg/m³），因此需储存大量液态氢实现实际的能量储存。

低温液态氢通常储存在专用真空隔热罐中，以最大限度地减少热传递。所以储罐由多层隔热材料和结构材料制成，能够承受极低温度和压差。低温液态氢会发生汽化损耗，即液态氢蒸发。有效隔热和储罐设计旨在最大限度地降低蒸发率。然而，一定程度的蒸发不可避免，因此必须通过再液化或通风系统进行管理。这种基础设施的建设和维护成本较高，且技术上极具挑战性。

低温储存系统需仔细考虑安全措施。处理极冷液态氢存在风险，包括因置换氧气而导致冻伤和窒息。充分通风、个人防护设备和适当培训对于确保安全操作至关重要。

液态氢低温储存涉及能量密集过程，将氢气冷却并维持低温。液化、隔热和维持低温条件均需能量消耗。

（3）低温应用和可行性。

液态氢低温储存主要用于需大量氢气的行业和应用，如航空航天、火箭推进和某些工业过程，也可用作氢动力汽车的燃料。但是，储存和输配上的挑战，限制了该方法在交通运输中广泛应用的可行性。与压缩氢气相比，低温液态氢的输配更具挑战性，需专门的运输和储存设施，限制了其广泛可用性和可及性。

2.3.2.3 氢化反应储存

（1）氢化反应储存方法。

氢化反应系将氢原子化学键合到材料或基底上进行储氢的过程。该过程可通过各种机制进行，如吸附、吸收或化学反应。

① 吸附：活性炭或金属有机骨架（MOF）等材料可以将氢吸附到表面，氢分子通过弱相互作用附着在材料表面，形成物理结合。基于吸附的储氢技术可以提供高表面积和容量，但可能需更高温度进行解吸。

② 吸收：某些金属和合金，如钯（Pd）或金属氢化物，可通过吸收过程将氢吸收到晶体结构中，氢原子扩散到材料晶格结构中，形成固溶体或化合物。基于吸收的储氢技术可以提供高密度储存，但可能需较高温度或压力来释放氢气。

③ 化学反应：一些材料可以与氢发生化学反应，形成储氢的稳定化合物。例如，金属粉末（如镁）和氢发生化学反应，形成金属氢化物。基于化学反应的储氢技术可以提供高容量和稳定性，但可能需特定条件和催化剂释放氢气。

（2）前景、局限性和当前研究。

氢化反应可以将氢储存在材料中，随后在需要时通过脱氢将氢气释放出来。氢气的储存和释放受到温度、压力、催化剂和氢化/脱氢反应动力学等因素的影响。

基于氢化反应的储氢方法面临着一些挑战，如动力学缓慢、可逆性有限以及需合适的催化剂。此外，需针对实际应用优化材料体积和重力式储氢容量。

当前研究侧重于提高氢化反应储氢方法的效率、可逆性和实用性，旨在促进先进储氢技术的发展。

2.3.2.4　地下储氢库大规模储氢技术及项目

（1）技术。

利用地下地质构造封闭的多孔岩层（如含水层或枯竭的油气田）或地下盐穴实现大规模储氢。地下储氢具有大规模储存容量、高能量密度和长期储存氢的能力等优点，提供了管理氢供应和需求波动的灵活性。因此，支持间歇性可再生能源的整合，并为更稳定的能源系统做出贡献。

（2）地下储氢库大规模储氢试验项目。

欧洲 HyUnder 项目：德国莱茵集团（RWE）及其合作伙伴领导的HyUnder 项目旨在开发并证明盐穴地下储氢的可行性。该项目利用现有原本用于天然气储存的盐穴进行实验。

英国 HyStorPor 项目：HyStorPor 项目专注于利用多孔岩层储氢，尤其是枯竭油藏。该项目旨在证明在这些枯竭油藏中注入和储存氢的可行性，并评估其容量和性能。

荷兰 HyStock 项目：盐穴中纯氢储存测试。

奥地利 RAG SunStorage 项目：气田中混合氢和纯氢存储；利用混合 H_2 和 CO_2 注入进行地下甲烷化。

阿根廷 HyChico 项目：气田中混合氢存储；利用混合 H_2 和 CO_2 注入进行地下甲烷化。

法国 HyPSTER 项目：HyPSTER 是首个由欧盟支持的地下盐穴大规模绿氢存储项目，采用电解技术将氢注入工业和移动领域。该项目还将测试该工艺在欧洲其他场地的技术和经济可行性。

欧洲 HyUSPRe 项目：HyUSPRe 项目旨在研究在欧洲实施大规模可再

生氢气储存于多孔储层的可行性和潜力。该项目将确定适合用于储氢的地质储层，并评估在这些储层中实施大规模储存的技术和经济可行性，以达到2050年目标。

欧洲HyStorIES项目：HystorIES将解决在含水层或枯竭油田中地下储存纯氢的主要技术可行性问题，并将提供有关欧洲地下储氢的市场、社会和环境见解。

德国HYPOS项目：该项目计划在德国的萨克森—安哈尔特州建造一座盐穴存储利用风力发电产生的15×10^4 MW·h氢能源。这将成为欧洲大陆上第一个氢储存盐穴。此外，该项目旨在实现工业规模的绿氢生产，并在德国建立广泛的分销网络和储存站，以便所有地区都可以获得氢。

美国ACES Delta地下储存设施项目：开发两个大型盐穴，可容纳总共1.1×10^4 t氢。三菱电力美洲公司和哈丁顿风险投资组合公司(Magnum Development)将在美国犹他州开始建造一个300GW·h的地下储存设施。它将由两个容量为150GW·h的洞穴组成，用于存储相邻的840MW氢能燃气轮机联合循环发电厂产生的氢。从2025年开始，该工厂将首先以30%绿氢和70%天然气混合物运行，到2045年逐步扩大到100%使用绿氢。

日本HySUT项目：日本氢利用和储存技术(HySUT)项目旨在开发利用含水层的地下储氢系统。该项目评估了将氢储存在含水层中的可行性和安全性，并探究大规模储氢的潜力。

正如上述一些计划试验项目所示，目前尚未在任何枯竭油田或含水层中实施纯氢储存。

（3）盐穴储氢成功项目。

自20世纪70年代以来，将纯氢储存在盐穴中已经得到了实践，如表2.2所示的成功盐穴储氢项目。

表2.2 全球盐穴储氢项目(Gregoire，H. 2019)

地方	Clemens Dome(美国)	Moss Bluff(美国)	Spindletop(美国)	Teeside(英国)
运营商	Conoco Philips	Praxair	Air Liquide	Sabic
开始年份	1983年	2007年	2014年	1972年
体积/10^3 m³	580	566	>580	210
压力/MPa	7.0~13.5	5.5~15.2	保密	4.5
能量/GW·h	92	120	>120	25

2.3.3　制氢储氢技术开发进展

2.3.3.1　全球当前制氢和储氢领域研发计划

（1）制氢研究。

先进电解技术：例如高温电解（HTE）和固体氧化物电解池（SOEC）。这些技术旨在提高电解制氢的生产效率和成本效益。

催化剂开发：例如蒸汽甲烷重整（SMR）、水电解和生物质气化。重点是提高催化剂性能、降低成本，减少稀有和昂贵材料的使用。

可再生氢的生产：相关计划正在探索将可再生能源，如太阳能和风力发电与氢的生产相结合。这些项目旨在优化可再生能源系统与电解技术之间的耦合，实现直接制备可再生氢。

（2）储氢研究。

储氢材料：包括先进的金属氢化物、化学氢储存系统以及石墨烯和碳纳米管等碳基材料。

地下储氢：研究在不同地质形态（如盐穴、枯竭的油气储层和含水层）中进行地下储氢的技术和经济可行性。项目旨在优化储存容量，评估安全因素，并开发监测和控制系统。

高级压缩和液化：旨在增强压缩和液化储氢技术。项目旨在开发更高效、更紧凑的压缩系统，并探索新型液化技术，以提高储氢的能效性和经济性。

（3）氢能基础设施研究。

专注于发展氢能基础设施技术，包括加氢站、管道和运输系统。努力提高其安全性、效率和可靠性，同时降低氢能输配和存储相关成本。

（4）安全与风险评估研究。

致力于了解和降低氢生产、储存和运输方面的安全风险。该项目旨在制定一套综合的安全指南、风险评估方法和安全协议，以确保安全地处理和利用氢。

全球正在研究和开发制氢和储氢技术，以支持向清洁可持续能源系统的转变。先进的电解技术、催化剂开发、可再生氢生产、地下储存和氢基础设施是研发工作中重点关注的领域。

2.3.3.2　中东地区制氢和储氢相关研发计划

（1）沙特阿拉伯。

沙特阿拉伯国家产业集群发展规划（NICDP）：NICDP 对开发氢能经济表现出了浓厚兴趣，并一直致力于探索各种制氢和储氢的研究与开发项目，其中包括与国际合作伙伴的合作以及建立专注于氢技术的研究中心。

沙特阿拉伯阿卜杜拉国王科技大学（KAUST）：KAUST 积极参与氢能相关的研发活动，包括先进制氢催化剂的研究、能量存储技术以及新型储氢材料的研究。该大学致力于推进氢能技术的知识和应用发展。

沙特阿美公司建立了一个专门的研发中心，致力于开发先进的氢技术。

沙特投资总局（SAGIA）积极寻求在氢能源领域与国际领先企业合作和投资，旨在吸引这些企业来到该国。沙特阿拉伯已经与美国国家可再生能源实验室（NREL）、德国弗劳恩霍夫太阳能系统研究所（ISE）以及澳大利亚联邦科学与工业研究组织（CSIRO）合作开展制氢和储氢方面的研究项目。

沙特阿拉伯也是一些国际委员会的成员，如氢能理事会（Hydrogen Council）、全球氢能合作伙伴（GHP）、国际能源署氢能技术合作计划（IEA Hydrogen TCP），旨在加速氢能技术的发展。

沙特阿拉伯已经与 Air Products 公司、沙特国际电力和水务公司（ACWA Power）、现代汽车公司和贝克休斯建立了一些公共合作关系。计划中的基础设施项目包括 NEOM 氢谷、达曼—哈维亚—哈拉德氢气管道、氢燃料加注站以及用于绿氢生产的可再生能源项目。

（2）阿联酋。

阿联酋 Mohammed Bin Rashid Al Maktoum 太阳能公园：该项目计划建立专门的设施，采用可再生能源提供的电解制氢技术进行绿氢生产，旨在探索利用太阳能进行氢气生产的潜力，并支持该地区实现能源转型。

（3）卡塔尔。

卡塔尔氢能研究所（QHRI）：卡塔尔已经启动了建立 QHRI 的计划，旨在推进制氢和储氢技术的研究和创新。该机构专注于电解制备绿氢，并探索在不同领域中利用氢的机遇。

（4）阿曼。

阿曼成立"国家氢能联盟"，由 13 家公共和私营部门机构组成，包括政府部门、石油和天然气运营商、科研单位以及港口等机构，积极开展氢能与利用领域中科研活动。

（5）科威特。

科威特对氢作为清洁能源表现出了浓厚兴趣。该国正在研究氢生产和利用的可行性，并积极探索潜在合作伙伴关系，参与各类研发活动。

总之，在研发工作、经济因素以及政府支持政策的推动下，制氢和储氢技术正在迅速发展。中东地区，尤其是沙特阿拉伯正积极投资于氢能技术，并希望利用其丰富的可再生能源资源，在全球氢市场上建立重要地位。

2.3.4 制氢储氢标准

标准提供了指南和规范，确保产品、流程和服务的安全性，为质量保证、质量管理系统和一致性制定了基准和要求。

在互联互通和全球化的世界，标准能让不同系统、技术和产品无缝协作，并在促进贸易和市场准入以确保公平竞争方面发挥关键作用。标准可以促进研究人员、行业和学术界之间的协作、知识共享和实践统一。

2.3.4.1 氢能相关标准概述

国际标准方面，国际标准化组织（ISO）已发布有效的氢能标准共计 48 项；其中国际标准化组织技术委员会（ISO/TC197）专门针对氢能发布制氢、储氢、运氢、加氢等相关国际标准 18 项，ISO/TC22（道路车辆）已发布氢燃料电池汽车国际标准 6 项，掺氢天然气汽车国际标准 13 项。IEC/TC105（燃料电池技术）已发布燃料电池系统及其零部件的技术要求、测试、安全相关国际标准 16 项。

相关国家方面，美国已发布氢能相关标准 115 项，日本已发布氢能相关标准 22 项，欧盟已发布氢能相关标准 29 项，德国已发布氢能相关标准 31 项。总体而言，美国的氢能标准体系较为完整，在氢安全、制氢、氢储运、加氢站、氢能应用领域都制定了配套标准。

2.3.4.2 制氢相关的国际标准

制氢相关的国际标准有助于确保安全、质量和互操作性。与制氢直接相关的标准，包括：

（1）ISO/TC197：这是国际标准化组织（ISO）氢能技术委员会制定的制氢、储氢、运氢、加氢等相关国际标准。

（2）ISO 16110：该标准规定了利用水电解或其他技术的氢气发生器的性能要求和测试方法，有助于确保制氢系统的可靠性、效率和安全性。

（3）ISO 16111：该标准提供了氢气系统在生产、地表储存、配送和使用方面的安全指南，涉及设计、施工、操作、维护和应急程序等内容，确保氢气的安全处理。

（4）ISO/AWI TR15916：氢能系统安全的基本考虑。

（5）ISO 16110：该标准规定了利用水电解或其他技术的氢气发生器的性能要求和测试方法，有助于确保制氢系统的可靠性、效率和安全性。

（6）ISO/AWI 22734-1：水电解制氢设备—工业、商业和住宅应用—第1部分：通用要求、测试协议和安全要求。

（7）ISO/AWI TR 22734-2：水电解制氢设备—第2部分：履行电网服务的测试指导。

（8）ISO/AWI 14687：氢燃料质量要求，涵盖了纯度、成分、杂质和水分含量等方面内容，确保氢气适用于各种应用，包括燃料电池应用。

2.3.4.3 储氢相关的国际标准

（1）ISO/AWI 19884：气态氢—固定式储罐和管道。

（2）ISO 16111第2部分：ISO 16111该部分主要关注氢地表储存系统的安全性，解决了设计考虑、材料、减压系统和安全要求等方面的问题，确保氢气的安全储存。

（3）ISO 19887：该ISO标准为氢气地表储存系统的设计、施工、运行和维护提供了指南，涵盖了各种存储技术，包括压缩气体，液化和固态储氢。

（4）ISO 16528：储气压力容器标准以及ISO 20088地下储气标准。这些标准提供了储气设施安全、设计、施工和运行相关指南。

（5）IEC 62282：第62282号国际电工委员会（IEC）系列标准涵盖了燃料电池技术，包括电解等制氢方法。该系列标准涉及燃料电池系统的安全、性能、测试和其他方面。

（6）SAE J2719：该汽车工程师协会（SAE）标准为燃料电池汽车的氢燃料质量提供了指南，确立了纯度和质量要求，确保氢燃料电池汽车的安全和高效运行。

上述标准并未特别为地下储氢提供指导，主要规定储存技术相关要求,如压缩气体和液化氢地表储存设施。

2.3.4.4 国家和区域储氢法规

国家和区域法规或最佳实践可为地下储氢提供更具体的要求。这些法规或最佳实践可能因管辖范围和适用于氢气使用及储存的当地法规而异,但均旨在确保氢气的安全和可靠储存,并解决地下储存设施相关具体问题。

(1)国际能源署(IEA)编制的储氢指南和最佳实践相关报告,包括储氢相关安全考虑、技术规范和运行指南。IEA 出版物,如《国际能源署氢能技术合作计划,任务 42:地下储氢》报告,可供各国参考。

(2)美国:美国能源部(DOE)和联邦能源管理委员会(FERC)制定了储氢指南和法规。美国能源部公布了储氢和基础设施相关法规和最佳实践,包括地下储存的考虑因素。由联邦能源管理委员会(FERC)监管的地下天然气储存(UNGS)计划确保储存运营商符合安全、环境和运营要求,包括监控、完整性管理和报告相关要求。FERC 规定了天然气州际输配和储存的要求,在某些情况下,这也适用于氢气和天然气地下储存。NFPA 2:该美国消防协会(NFPA)标准解决地表储存等氢技术问题,规定了制氢、地面储存和使用系统的安全要求。

(3)欧盟:欧盟(EU)制定了涵盖了储氢各个方面的法规和指令,包括地下储存。欧盟法规旨在确保储氢设施的安全性、效率和环境可持续性,其中包括欧盟天然气指令。该指令为天然气基础设施中的储氢提供指导,涵盖了访问存储设施、第三方访问和安全考虑等内容。此外,各欧盟成员国可能制定其他地下储气库相关具体规定。

(a)欧盟天然气指令(2009/73/EC)。

(b)天然气储存条例(EU/2022/1032)。

(4)德国:制定了具体的储氢规定,包括地下储存,解决了包括氢在内的能量载体储存问题,并提出了储存设施安全、环境影响评估和运行等方面的要求。如德国储能法案(Energiespeichergesetz)。

(5)加拿大:加拿大国家能源委员会(NEB)和标准协会(CSA)等监管机构制定了储氢相关法规和最佳实践,包括地下储存。这些法规解决了储氢设施的安全、环境考虑和运行要求。

① CSA Z341 系列标准。

② CSA Z741。

③ CSA B51：加拿大该标准涵盖了压力容器的设计、施工和维护，包括用于氢气地表储存的压力容器，为压力容器中氢的安全有效地表储存提供了指南和要求。

（6）英国：英国石油和天然气管理局（OGA）监管地下设施中的碳氢化合物（包括天然气）储存。OGA 制定了地下储存设施设计、施工、运行和停运指南和要求，以确保安全和环境保护。

（7）日本：日本制定了储氢法规和指南，包括地下储存。日本经济产业省（METI）和国土交通省（MLIT）提供了储氢设施指南和最佳实践，涵盖安全、设计、施工和运行等方面。

2.3.4.5　中东储氢相关标准现状

在中东，一些国家一直在积极探索和投资氢气相关举措，包括储氢。尽管该地区的氢行业发展迅速，但储氢相关法规、最佳实践或标准可能仍处于发展或早期阶段。因此，在中东和北非地区，目前尚无由规范氢气相关活动的著名组织制定的明确法规或标准。

（1）海湾阿拉伯国家合作委员会标准化组织（GSO）：GSO 负责海湾阿拉伯国家合作委员会（GCC）成员国的标准化活动，包括沙特阿拉伯、巴林、科威特、阿曼、卡塔尔和阿拉伯联合酋长国。GSO 负责制定包括能源在内的各领域标准和技术法规，在制定储氢相关标准或指南中发挥重要作用。

（2）阿布扎比能源部（DoE）：DoE 负责监管阿拉伯联合酋长国阿布扎比酋长国能源部门，积极参与推进清洁能源计划，包括氢能。DoE 可能对其管辖范围内的储氢法规或指南的制定做出贡献。

（3）沙特标准、计量和质量组织（SASO）：作为沙特阿拉伯国家标准机构，SASO 负责制定并执行包括能源在内的各领域标准和法规。由于沙特阿拉伯关注氢发展，SASO 可能参与制定储氢相关标准或指南。

（4）迪拜水电局（DEWA）：DEWA 负责阿联酋迪拜的水电供应，一直积极探索绿氢项目和倡议。DEWA 可能对其管辖范围内当地储氢标准或指南的制定做出贡献。

中东地区国家在积极推行氢相关倡议，制定自己的储氢法规或标准时，可以参考已确立的国际标准、法规或最佳实践。

2.4 地热技术

地热能是一种古老的能源，它存在于地壳下的岩石和流体中，这些能量可以通过钻井采集蒸汽和高温热水被带到地表上，用于发电、直接使用以及供暖和制冷。地球上，地热能资源非常丰富。根据 Earth Policy Institute 的数据，全球距地表 5km 以内的地热能资源能量是已探明油气储量的 5 万倍。

地热系统分为蒸汽型、热水型、地压型、干热岩型和岩浆型 5 种。

2.4.1 地热能开发成熟技术

发展至今，目前已有多类地热能利用技术，它们有不同的技术成熟度。

2.4.1.1 地热泵技术

地热泵技术是将陆地浅层地热能源通过输入少量的高品位能源，实现由低品位热能向高品位热能转移并开采的技术。国际上地热泵技术在地热利用技术中较为成熟，已进入商业化发展阶段，在世界各地被广泛使用。

2.4.1.2 地热发电技术

在地热发电技术中，利用高温(180℃及以上)热液储层中的汽水混合物介质发电是稳定成熟的技术。至今为止运行的地热电站，大部分都是应用干蒸汽或闪蒸工艺，从而获取高温地热资源。

(1) 干蒸汽发电技术。

干蒸汽发电是最古老的地热发电技术，它是直接将蒸汽从地下的裂缝中抽取到发电机组进行发电。干蒸汽从蒸汽井中引出，经过分离器分离出固体杂质后，进入汽轮机做功，驱动发电机发电。干蒸汽电站所用发电设备基本上与常规火电设备相同。世界上第一座地热电站即采用的干蒸汽发电，该电站于 1904 年建成，位于意大利 Tuscany。The Geysers 项目的 18 个地热电站都是采用干蒸汽发电技术。

(2) 闪蒸发电技术。

闪蒸发电是提取深层的高压热水，经过降压分离出水和干燥的饱和蒸汽，饱和蒸汽进入汽轮机驱动发电。通过汽轮机的蒸汽冷凝成水和分离水一起被注入地下再次使用。目前世界上的大多数地热电站都是闪蒸发电站。

（3）双工质（双循环）发电技术。

双工质（双循环）发电技术在过去十年间取得了快速发展，促使中温（90～180℃）地热源也越来越多地被利用起来。在双工质电站中，地热热水通过热交换器，将沸点比水低的工质流体加热转变成蒸汽，蒸汽进入汽轮机驱动发电。未来大多数的中温地热发电厂将是双工质发电电站。

一些新兴技术正浮出水面，使得条件更复杂的场景和热源可以被利用。干热岩地热系统或增强型地热系统和 CO_2 羽流地热系统开发地热能是未来重要的攻关方向之一。

2.4.2 新型增强型地热系统开发技术

干热岩地热系统或增强型地热系统（EGS）通过人工方法开采难度较大，商业价值难以利用的天然地热资源区。与依赖于天然高渗透率的热储层的常规地热系统不同，增强型地热系统需要通过钻深井和水力压裂等技术在低渗透率的岩层中形成人工热储层。

下面详细介绍增强型地热系统的工作原理和工作流程。

施工现场位置的选择：根据地质和地球物理的调查结果选择具有一定深度、较高温度和有利岩石特性的干热岩地层作为增强型地热系统施工作业的合理位置。

（1）钻井：深井需钻入地壳，深入地表以下数千米的深处。在一个施工地点通常需要钻两口井：一口生产井和一口注入井。完井时要求下套管和固井，以确保井身的稳定性，防止井内液体流失。

（2）水力压裂：钻井完成后采用水力压裂技术改造热储层，通过向注入井高压注水或其他流体在岩石中形成裂缝或拓宽原有的裂缝，从而达到提高井筒周围岩石渗透率，方便热液开采的目的。

（3）流体循环：水力压裂作业完成后，将水或地热流体泵注注入井，使水或地热流体在岩石内形成的裂缝中进行循环。流体循环的同时吸收热储层中岩石的热量，流体温度升高。

（4）生产：将吸收了地热能的高温流体从生产井中采出地面。热液采出地面后输送到热交换器中进行热交换，进而用于满足各种用途，如发电、加热或工业生产过程。

（5）回注：热液的热量在地面被采出后，紧接着回注井内进行循环。

循环往复的这一过程保持了热储层的地层压力，并使得流体和岩石之间的热交换得以继续。

干热岩一般深埋在地下 2000m 以上。与传统可利用的地热场地比，干热岩系统的储层处于无水或基本无水状态，能够解决传统地热发电受地理分布限制的问题。这一类原本无法触及的地热资源通过 EGS 开发，潜在空间达到 100GW 以上。通过获取曾经无法获取的更深更热的增强型地热系统的资源大大提高了地热能的利用率。然而，这项技术还存在着一些非常大的挑战，如，钻井技术的挑战，有可能产生与水力压裂相关的潜在地震风险，以及高昂的前期成本。目前涉及干热岩的高温钻完井技术，以及压裂技术、换热和发电技术，均处于试验阶段。令人欣慰的是，持续的研发努力使得增强型地热系统的地热能开采技术日趋成熟，开采效率不断提高，开采成本持续降低，并逐步解决了技术和环境方面的挑战。

增强型地热系统或工程地热系统在世界范围内仍处于早期开发阶段，目前美国、欧盟、韩国等国家地区建设了试验性的 EGS 发电厂，运营中的 EGS 发电厂数量有限。然而，各国仍持续进行研究和试点项目，以进一步推动该技术。以下是世界上几个著名的 EGS 项目。

（1）法国苏尔斯—苏福雷特：法国苏尔斯—苏福雷特地热发电厂是最著名的 EGS 项目之一。于 2008 年开始运营，并成了一个重要的 EGS 技术研究场所。该发电厂证明了 EGS 的可行性，并提供了有价值的储层压裂技术见解。

（2）澳大利亚库珀盆地：位于南澳大利亚的库珀盆地已成为多个 EGS 项目的场所。2013 年，Habanero 试点项目启动，旨在从深层花岗岩储层中提取地热能。该项目在储层表征和水力压裂技术方面取得了进展。

（3）英国康沃比亚：位于英国康沃尔郡的 United Downs Deep Geothermal Power 项目是一个 EGS 项目，旨在从深层花岗岩岩石中提取热能。该项目于 2019 年开始钻探，并是英国最深的地热井之一。该项目有潜力为当地提供可再生能源供暖和电力。

（4）冰岛 Hellisheidi 地热发电厂不是一个纯粹的 EGS 项目，而是已经融合了一些 EGS 原则。其利用传统地热资源和 EGS 技术相结合来增强热量产生。该发电厂 2006 年开始运营，是世界上最大的地热发电厂之一。

（5）德国 Kirchstockach EGS 项目是一个研究站点，旨在开发和优化

EGS 技术。其专注于利用水力压裂技术和表征 Molasse 盆地中的地热储层。

值得注意的是，EGS 项目的发展是一个持续的过程，一直以来都有新项目或进展。该行业继续探索 EGS 技术的潜力，并克服技术和经济挑战，使其成为地热能生产更广泛和商业可行的选择。

2.4.3　新型 CO_2 羽流地热开发技术

CO_2 羽流地热（CPG）是一种创新的地热能技术，其将地热能提取与碳捕集和储存（CCS）相结合。其涉及将 CO_2 注入地下地热储层，形成一个 CO_2 羽流，以帮助提高从储层中提取热量。以下是 CO_2 羽流地热的工作原理。

（1）储层表征：通过地质和地球物理勘测，类似于传统的地热勘探，确定适合的地热储层。

（2）钻井：钻入地热储层的井通常包括生产井和注入井。这些井都被套管覆盖并用水泥固定以确保完整性。

（3）CO_2 注入：高压 CO_2 通过注入井被注入储层中。CO_2 在储层内扩散，形成一个羽流与热岩和流体接触，从而增强了热传递过程。

（4）热能提取：CO_2 羽流从地热储层中吸收热能，达到几百摄氏度的温度。通过在生产井中循环工作流体（如水或超临界流体），可以提取这种热能。

（5）发电：加热的工作流体被带到地表，其热能用于驱动涡轮机发电。冷却后的工作流体随后重新注入储层以继续循环。

（6）碳捕集与储存：在该过程中，产生的 CO_2 被分离和捕集后用于循环注入储层。CO_2 被注入地热储层后，一部分可以永久地存储在地下，减少温室气体排放并有助于缓解气候变化。

CO_2 羽流地热技术具有以下优势。①提高了从地热储层中提取热能的效率，增加了总体能量输出。②注入的 CO_2 有效地被封存在地下，有助于减少碳排放。利用传统地热系统的 CO_2 羽流地热可能被认为是边缘或难以开发的地热资源。

虽然 CO_2 羽流地热显示出潜力，但仍处于早期阶段，并且存在技术挑战需要克服，例如优化 CO_2 注入速率和确保储层长期完整性等问题。正在进行持续的研究和试点项目会进一步完善技术并评估其商业可行性。

CO_2 羽流地热市场仍处于新兴和相对有限的阶段。该技术被认为是创新性的，目前只有少数几个全球试点项目和研究计划处于早期开发阶段。

CO_2 羽流地热潜在市场与地热能需求和碳捕集与储存（CCS）解决方案密切相关。总体而言，地热能是可再生能源市场中一个小但不断增长的领域。CO_2 羽流地热具有提供基础负荷电力的优势，并可用于各种应用，包括发电、供暖和工业过程。CO_2 羽流地热还提供了碳捕集的额外好处，这对于有雄心勃勃的气候目标和需要脱碳解决方案的国家或地区非常有吸引力。这项技术有潜力使更深、更热的地热资源得以利用，同时封存 CO_2，从而有助于减少温室气体排放。然而，需要注意的是，CO_2 羽流地热的商业可行性和市场潜力仍在探索中，并取决于各种因素。这些因素包括技术进步、成本效益、政策和监管支持、适合地热资源的获取，以及是否有碳定价机制或激励措施。

随着 CO_2 羽流地热的发展和更多研究的进行，市场潜力可能会扩大。

2.4.4　分布式井口地热电站技术

传统地热电站采用集中式，即多个井口的流体汇集到集中电站发电，一般选用大功率（>30MW）的汽轮机做功驱动发电机，并需要建设远距离流体输送管线。在建设周期方面，集中式电站需等待所有热井钻探完成并取得测井数据后进行设计，输送管线的建设也需要相对较长周期，导致整个电站的投资开发周期长至 5~7 年。集中式大机组的初始资本支出也较高。

近年来，随着螺杆膨胀机做功驱动发电机的技术进步，分布式井口地热电站建设模式得到较大发展。分布式井口地热电站就是在一口井或者几口井井口建一个电站，模块化安装。后续可以实现边发电边开发，现金流可持续，有效降低开发风险和初始投资成本。分布式井口电站的实现主要得益于螺杆膨胀机作为汽轮机的替代品技术的发展。螺杆膨胀机特点是功率小，一般为 50kW~8MW，低功率要求使得井口发电模式有了实现的基础（一般单井口的功率都在几 MW 的水平），效率可以达到 78%~81%（汽轮机为 80%~83%）；对热源品质要求低，不需要饱和蒸汽，可以适用带液蒸汽；结构简单，运行维护要求低。

2.5　储能技术

先进的储能系统对于可再生能源的发展至关重要，原因有几个：太阳能和风能等可再生能源面临的最大挑战之一是其发电呈现间歇性。储能系统可以储存在高发电量期间产生的多余电力，并在高需求期间释放电力，帮助平衡供需。储能系统在停电和供需波动期间提供备用电力，以此帮助稳定电网。随着更多可变的可再生能源加入电网，这一点尤其重要。储能系统是电动汽车充电基础设施的关键组成部分，允许电动汽车可以在白天或晚上的任何时间充电，而无须考虑可再生能源的可用性。储能系统可以将更多的可再生能源融入电网，以此帮助减少温室气体排放，从而减少对化石燃料的依赖。储能系统允许家庭和企业从可再生能源来源发电并储存自己的电力，提高其能源独立性，减少对电网的依赖。总而言之，先进的储能系统对于可再生能源的发展和可持续能源的未来至关重要。其在促进可再生能源来源增长、确保稳定、可靠和安全的能源供应方面发挥着关键作用。

目前已有或正在开发中的主要储能系统包括物理储能（抽水蓄能、压缩空气储能、飞轮储能），电化学储能（铅酸电池、锂离子电池、钠硫电池、液流电池等）、电磁储能、氢储能等。电磁储能（超级电容器储能、超导储能等）。

2.5.1 储能技术

2.5.1.1 物理储能技术

（1）抽水储能技术。

抽水储能是一种利用高海拔储存的水势能发电的技术。其是目前最成熟和高效的储能技术之一。抽水蓄能的效率通常在80%~90%，取决于涡轮和泵的效率以及摩擦和热损失等因素。其主要缺点是依赖于具有高海拔地理位置。优点：能量效率高（80%~90%）、寿命长（可达数十年长）、可扩展到大容量、可以靠近需求中心。缺点：仅限于特定的高海拔地理位置，占用大面积，建设和维护成本高，对环境产生影响（如破坏栖息地和水资源利用）。

（2）压缩空气储能技术。

压缩空气储能是一种通过将空气压缩到容器或地下洞穴中来存储能量的技术。当需要能量时，释放压缩的空气以产生电力。压缩空气储能的主要优点是其可扩展到大容量。主要劣势在于在压缩和膨胀过程中会损失能量，从而降低了其总体效率。

（3）飞轮储能技术。

飞轮储能是一种动能储存技术，利用旋转转子存储能量。其通常用于不间断电源系统、可再生能源系统和电网稳定化等领域。其主要优点是高密度和快速响应时间，而主要劣势则在于相对较短的放电时间限制了其存储容量。

2.5.1.2　电化学储能技术

（1）锂离子电池储能技术。

锂离子电池是一种流行的储能技术，用于各种应用，包括电动汽车、便携式电子设备和电网存储。通常情况下，锂离子电池的效率约为80%～90%。其可充电并具有高能量密度，这使得其在许多应用中非常有效。锂离子电池的主要缺点是相对较短的寿命，这取决于其使用和维护方式。优点包括能量密度高、循环寿命长（当使用和维护得当时）、可充电、自放电率低。缺点包括制造成本高、寿命有限、如果处理不当可能会很危险，容易发生热失控和火灾。

（2）液流电池储能技术。

液流电池是一种在化学溶液中储存能量的可充电电池。其通常用于大规模储能，因为其具有高能量密度并且可以轻松扩展。液流电池的效率取决于多个因素，包括电池的具体化学成分和设计，以及温度、流速和充电状态等条件。一般来说，液流电池的效率为60%～70%。液流电池的主要优点是其寿命长，可以持续多年。主要缺点是其能量效率相对较低。其优势在于存储容量和功率输出方面具有可扩展性和灵活性，寿命长（可达数十年），能量密度高（可以存储大量能量），可以同时充放电。缺点包括能源效率低、制造复杂且成本高、操作温度范围有限，占用面积大。

（3）固态电池储能技术。

固态电池是一种新兴技术，使用固体电解质代替液体或凝胶电解质。其预计具有比传统锂离子电池更高的能量密度和更安全的特点。固态电池的主要缺点是其仍处于早期开发阶段，其成本和可扩展性不确定。优点包括能量密度高、比传统锂离子电池更安全、寿命比传统锂离子电池更长，可以在比传统锂离子电池更低的温度下运行。缺点包括制造成本高、可扩展性和成本不确定，操作温度范围有限，是一种新而未经验证的技术。

（4）钠硫电池储能技术。

澳大利亚悉尼大学的研究人员宣布，他们在用钠硫（一种由海水加工而成的熔盐）制造电池方面取得了突破。该工艺使用热解（在高温下分解材料）和碳基电极来增强硫的反应性，所产生的存储介质效率比锂电池高4倍。

（5）"重力电池"储能技术。

技术人员正在开发一种新型"重力电池"，这种电池能够储存大量势能，供高峰期使用。该系统利用日间的可再生能源将重物吊到一个高轴上，晚上让重物下降，通过电缆的运动发电，原理与钟摆驱动的落地钟相同。概念验证演示产生了大约250kW的能源，足以为750户家庭供电。这些能量的储存比需要矿物的锂电池更便宜、更环保。

2.5.1.3 热能储存技术——沙电池长时储能技术

热能储存是一种用于储存热或冷的能量以备后用的技术。其通常应用于建筑和工业过程中，以降低能源消耗和成本。热能储存的主要优点是其能量密度高和储存时间及规模的灵活性，可以降低建筑和工业过程中的能源消耗和成本，可以使用各种热源和储存介质。其主要缺点是依赖于特定温度范围，并需要绝缘材料以防止热损失。

芬兰 Polar Night Energy 公司开发的沙电池长时储能供热系统（图2.7，于2022年7月在公用事业公司 Vatajankoski 运营的发电厂内投入使用。在这个世界上第一个商用沙电池供热系统中，由钢制集装箱式储热系统组里装有约100t沙子，可以使用可再生能源的多余电力，通过电阻加热沙子到500～600℃存储热量）。使用时，沙子和空气进行热交换输出热空气，热空气再和水等介质换热来供热。该系统的功率为100kW，储热容量为8MW·h，这相当于长达80h的储能时长，目前还计划将其扩大一千倍达到8GW·h。作为一种廉价而丰富的材料，沙子被用作存储介质，可以确保安全操作、存储周期中的自然平衡，其内部是一个传热系统，可以实现能量进出储存的传输。存储和环境之间的隔热旨在确保长达数月的存储期，同时将热量损失降至最低。沙电池储能是一种简单、经济、高效的储能方式，可在500℃高温下保持数月，尤其适用于长时储能。

这项创新是实现智慧、绿色能源转型的一步，储热装置可以大大帮助电网消纳更多的间歇性可再生能源，同时，还可以实现余热利用，为城市

图 2.7　沙电池长时储能系统

供暖，这是迈向无燃烧制热的关键一步。Vatajankoski 还利用储热系统对其数据中心服务器排放的废热进行回收，将其送入区域供热网。

全球长时储能委员会 LDES 预测，到 2025 年，全球将安装 25～35GW 的长时储能系统，总计约 1TW·h，500 亿美元投资。沙子储能作为一种长时热储能技术，在全球范围内有多家机构正在推进其商业化。

2.5.1.4　氢储能技术

将多余的可再生能源以氢的形式储存，并在需要时将其转化为电力。沙特也在探索氢能储存系统，其中一个是由沙特 NEOM 与西门子能源合作开发的氢储存项目。

2.5.2　全球储能技术发展方向

目前正在开发许多其他储能技术，包括氢燃料电池、超级电容器和重力电池储存系统。每种技术都有其优缺点和重要参数，包括能量密度、效率、寿命、可扩展性、成本和安全性。选择储能技术取决于具体应用以及这些参数之间的权衡。

固态电池是储能领域的一个技术发展方向。这种电池使用固体电解质，相比传统的锂离子电池可以提供更高的能量密度、更长的寿命和更好的安全性。液流电池是另一个正在发展中的领域，其使用两个装有液态电解质的罐子通过细胞泵送产生电力。这些电池具有提供高能量密度和长寿命的潜力，同时能解决传统锂离子电池的一些限制。

2.5.3 中东地区储能技术发展概况

中东地区正在经历储能市场的大幅增长，推动因素是对可再生能源和电网稳定性需求的不断增加。

2.5.3.1 储能技术发展现状

锂离子电池目前是中东地区最常用的储能技术。其被用于各种应用，包括太阳能集成、频率调节和微网解决方案。液流电池在中东也越来越受欢迎，特别是针对大规模储能应用。相比锂离子电池，液流电池具有更长的循环寿命、在高温下运行的能力以及相对较低的成本，使其成为该地区一个有吸引力的选择。热能储存技术也正在中东进行探索，特别是在集中式太阳能发电厂中使用。热储系统可以在白天存储集中式太阳能发电厂产生的多余热量，并在晚上释放，实现全天候发电。

2.5.3.2 储能技术发展领先国家

阿拉伯联合酋长国(阿联酋)：在储能技术采用方面，阿联酋是中东地区的领先国家之一。该国设定了到 2050 年可再生能源发电占比达 44%的目标，并大力投资于支持这一目标的储能技术。卡塔尔是中东地区另一个正在投资于储能技术的国家，尤其是用于其智能电网倡议。该国正在探索使用电池、飞轮和其他储能技术支持其可再生能源和智能电网目标。总体而言，中东地区的储能市场和技术正在快速增长，受到对可再生能源来源和电网稳定性需求的推动。在该地区，锂离子电池、液流电池和热能储存系统是最常用的储能技术，阿联酋、沙特阿拉伯和卡塔尔等国家正在领先采用这些储能技术。

2.5.3.3 沙特储能系统开发技术

沙特是一个快速发展的国家，正在大力投资于可再生能源和储能系统，以下是在沙特阿拉伯正在开发中的一些储能系统。

(1) 抽水蓄能水电站(PSH)。

沙特已宣布计划在本国西部地区建造一个 2.6GW 的抽水蓄能水电站。预计该项目将储存白天产生的多余可再生能源，并在高峰时释放，确保电网稳定性和可靠性。

(2) 电池储能系统(BESS)。

沙特正在开发多个电池储能系统，其中包括由 ACWA Power 与沙特电力公司合作开发的 100MW/400MW·h 锂离子电池项目。另一个是 EDF Renewables 与沙特阿拉伯 Masdar 合作开发的 50MW/200MW·h 电池储能系统项目。

（3）热能储存（TES）。

沙特也在探索热能储存系统，这些系统可以在白天集中太阳能发电时储存多余的热量，并在高峰期释放。其中一个是由 ACWA Power 和中国上海电气合作开发的热能储存系统，该系统使用熔盐作为储存介质。

（4）氢能储存。

沙特阿拉伯也在探索氢能储存系统，将多余的可再生能源以氢的形式储存，并在需要时将其转化为电力。其中一个是由沙特阿拉伯 NEOM 与西门子能源合作开发的氢储存项目。

NEOM 是沙特阿拉伯西北部地区一个计划中的跨境城市，旨在成为一个可持续技术和可再生能源中心。因此，NEOM 有望在该地区的储能系统发展中扮演重要角色。NEOM 设定要实现 100% 可再生能源供电，并且预计储能系统将在实现这一目标方面发挥至关重要的作用。该城市计划开发 9GW 的风力和太阳能产能，这将需要大量的储能能力来确保电网稳定。

储能技术：NEOM 计划探索各种不同类型的储能技术，包括锂离子电池、液流电池和热能储存系统。该城市还正在探索使用创新型的基于重力原理的系统等先进技术支持其可再生能源目标。

合作伙伴：NEOM 已经与多家全球公司合作开发创新型的储能解决方案。例如，NEOM 已与西门子能源合作开发基于氢的储能系统，预计将储存过剩的可再生能源并将其转化为氢，用于各种应用，如交通和发电。

研究和开发：NEOM 还大力投资于研究和开发新型创新的储能解决方案。该城市计划建立一个以能源和水为主题的研究所，以开发支持其可再生能源目标的新技术和解决方案。

NEOM 旨在由 100% 的可再生能源提供动力，并且预计储能系统将在实现这一目标中起到至关重要的作用。该城市计划探索各种储能技术，与全球公司合作，并投资于研究和开发，以开发新的、创新的储能解决方案。

总之，沙特阿拉伯正在探索各种储能技术，包括抽水蓄能水电站、电池储能系统、热能储存和氢能储存，以支持其可再生能源目标。这些项目预计将在确保电网稳定性和可靠性方面发挥关键作用，因为该国在继续向可再生能源来源转变。

3 中国石化减碳及可再生能源技术发展动态

3.1 中国石化上游企业"十四五"可再生能源规划

2021 年，中国石化制定了涵盖"绿氢、绿热、绿电"在内的新能源发展规划，将绿色氢能、绿色供热、绿色电力作为重点发展领域。2022 年，中国石化油田事业部发布了《中国石化上游企业新能源业务发展规划》，提出"一个目标、三条路径、五大行动"的总体发展思路。"一个目标"是上游企业力争率先达到绿色能源供应量等于能源消费总量。"三条路径"包括油气生产用能洁净化、绿色能源供应规模化、科技装备支撑低碳化。"五大行动"包括打造七大地热利用片区、建立三大余热示范工程、实现风光发电多点突破、部署一批绿电绿氢基地、推动科技装备持续升级。

油气生产用能洁净化，一是提高用电水平，重点是提高用电中绿电的比例，在油田部署风电、光伏发电项目，实现绿电自发自用，替代自发煤电、外购网电；推进石油工程装备、油田生产装备和车辆的电动化水平，减少汽柴油的使用量。二是推进用热清洁化：部署余热、光热、光伏热电联供等多种项目，替代联合站、集输等系统加热所需的天然气、煤炭；利用油田地热资源，替代办公区供暖所需热力。

绿色能源供应规模化，一是清洁供热规模化，开拓中深层、浅层地热新市场，扩大余热供应服务范围。二是绿电服务规模化，部署光伏发电、陆上风电、海上风电，为集团内部企业供应绿电。三是绿色制氢服务规模化，为集团公司炼化企业提供绿氢。

科技装备支撑低碳化，一是立足用能低碳化需求，持续推进装备电动化升级改造，大幅提升装备电气化水平。二是服务电气化需求和新能源业务生产竞争力提升，加快研发相关装备。三是面向新能源业务发展趋势，强化地热、干热岩科研优势，攻关氢能科研难题，完善多能互补利用等技术。

"十四五"期间中国石化上游企业新能源业务的努力目标是，到"十四五"末，形成地热供暖能力 $1.6×10^8 m^3$，余热利用能力 $1200×10^{13} J$，太阳能发电装机 $5.8×10^9 W$，风电装机 $2.5×10^9 W$，非化石能源制氢能力达到 $10×10^4 t/a$。

3.2 CCUS 技术

中国石化实施的齐鲁石化—胜利油田 CCUS 示范工程，是中国最大规模的二氧化碳捕集与综合利用项目，年减排二氧化碳 $100×10^4 t$。同时预计未来 15 年可利用二氧化碳增产原油 $296.5×10^4 t$，平均 1t 二氧化碳可驱出原油约 0.25t，实现了二氧化碳的高效利用。

在项目实施过程中，攻克了多项捕集、驱油、封存技术难题，部分捕集技术达到世界先进水平。形成了全流程、低成本 CCUS 技术系列。二氧化碳经过捕集、压缩、脱水、提纯后，输送到胜利油田，注入地层，一部分在地下反应留存在地层，一部分溶入油水混合物，提高原油采收率。采出液中的二氧化碳重新被提取，回注到地层，循环利用。

在 CCUS 流程中，拥有一系列专项技术。在二氧化碳封存方面，包括咸水层封存潜力评价、井筒密封完整性评价、全流程监测体系。其中，防腐蚀非硅酸盐基固井水泥，解决了封存井固井水泥环的二氧化碳腐蚀难题，是保证井筒完整性的关键材料。在二氧化碳利用方面，形成了二氧化碳高效驱油技术，其中的二氧化碳微气泡注入技术，能够大幅度提升二氧化碳在井下的溶解和混相效率，提高驱油能力和封存比例。

3.3 风能、太阳能技术

中国石化在风能、太阳能技术方面已经有了一定的发展和应用，主要使用国内配套的技术与产品，并在"十四五"期间规划布局 7000 座分布式光伏发电站点。其中，中国石化首个光伏建筑一体化碳中和加油站在广西石油百色六华加油站投入使用；在新疆库车的光伏绿氢示范项目全面建成投产；中原油田首套碟式太阳能集热系统在文卫采油厂卫40号计量站投入试运行；正在开发的位于陕西渭南市大荔县的分散式大型风电项目，总装机容量20MW等。

总之，中国石化在风能、太阳能技术领域已经取得了显著的成绩，并在不断探索和推进相关技术的应用和发展。

3.4 氢能技术

中国石化是氢能应用现代产业链链长，致力于打造全国第一氢能公司。业务覆盖制氢、储氢、运氢、用氢全产业链。

3.4.1 制氢技术

中原油田绿氢项目，已于2022年12月建成投产。该项目建设3.66MW的光伏电站，以及9MW风电工程，日产高纯度"绿氢"1.12t。

中国石化新疆库车绿氢示范项目，包括光伏发电、输变电、电解水制氢、储氢、输氢五大部分。将建设装机容量300MW、年均发电量$6.18×10^8 kW \cdot h$的光伏电站，和产能$2×10^4 t/a$的电解水制氢厂，管线输氢能力将达到每小时$2.8×10^4 Nm^3/h$。生产的绿氢将供应中国石化塔河炼化，替代现有天然气化石能源制氢，预计每年可减少二氧化碳排放$48.5×10^4 t$。

目前中国石化还启动了鄂尔多斯和乌兰察布绿氢项目。鄂尔多斯项目使用风力发电制绿氢，将年产绿氢$3×10^4 t$，绿氧$24×10^4 t$，配建储氢能力$21.6×10^4 t$，所产氢气将用于中天合创烯烃绿氢替代。乌兰察布项目将建设风电$174.2×10^4 kW$、光伏$80.4×10^4 kW$，年制氢能力$10×10^4 t$，氢气将通过长输管道送至燕山石化。

中国石化采用的绿氢制备技术，以电解制氢为主。库车绿氢项目、鄂尔多斯绿氢项目、乌兰察布绿氢项目采用碱水电解（AWE）工艺，中原油田项目采用质子交换膜电解（PEM）工艺。其中，质子交换膜电解工艺使用淡水制氢，电解设备启停快，能够更好地配合可再生能源发电使用。目前其核心设备质子交换膜电解槽已成功国产化，将获得更广泛的应用。除了这两种成熟的电解制氢技术以外，对固体氧化物电解制氢（SOE）、太阳能光解水制氢、生物质制氢等工艺进行了跟踪研究。

3.4.2　氢储运技术

中国石化在"十四五"期间，计划建设 1000 座加氢站，大力促进氢能市场的培育和氢储运技术的发展。

气态储氢方面，目前国内车用储氢瓶多为铝合金内胆的纤维缠绕瓶（Ⅲ型），耐压 35MPa。复合材料内胆的纤维缠绕瓶（Ⅳ型）已经研发成功，尚未开始应用。中国石化是Ⅳ型储氢瓶关键材料的主要生产商。加氢站虽然目前大多采用地面储罐，但中国石化已研发了大口径储氢井技术，采用大口径埋地储氢管及配套组件，可以实现 40MPa 以上的气态储氢。相对于地面储氢罐，具有储氢量大、安全性高的优点。

固态储氢方面，已经研发成功了基于储氢金属材料的储氢瓶。该技术具有体积储氢密度高、工作压力低、安全性好的优势。将继续研究提高储氢密度，降低成本。液态储氢方面，已开展先导性的研究。

氢气的运输，一般 200km 以内采用长管拖车运输，200km 以上采用管道运输。中国石化的输氢管道采用特种合金制造，具有很强的耐还原性，能够长时间承受高压力氢气，不会发生氢脆现象。

3.4.3　储氢标准

（1）氢能基础标准。

GB/4962　氢气使用安全技术规程

GT/T 24499　氢气、氢能与氢能系统术语

GT/T 29729　氢系统安全的基本要求

（2）氢储运相关标准。

GT/T 26466　固定式高压储氢用钢带错绕式容器

GB/T 34542.1　氢气储存输送系统　第 1 部分：通用要求

GB/T 34542.2　氢气储存输送系统　第 2 部分：金属材料与氢环境相容性试验方法

GB/T 34542.3　氢气储存输送系统　第 3 部分：金属材料氢脆敏感度试验方法

GB/T 34544　小型燃料电池车用低压储氢装置安全试验方法

GB/T 35544　车用压缩氢气铝内胆碳纤维全缠绕气瓶

GB/T 40297　高压加氢装置用奥氏体不锈钢无缝钢管

GB/T 15970.11 金属和合金的腐蚀应力腐蚀试验 第 11 部分：金属和合金氢脆和氢致开裂试验指南

NB/T 10354 长管拖车

TSG 21 固定式压力容器安全技术监察规程

TSG 23 气瓶安全技术规程

TSG R0005 移动式压力容器安全技术监察规程

TSG R0006 气瓶安全技术检查规程

TSG R0009 车用气瓶安全技术检查规程

GB/T 40045 氢能汽车用燃料–液氢

GB/T 30719 液氢车辆燃料加注系统接口

GB/T 40060 液氢贮存和运输技术要求

GB/T 40061 液氢生产系统技术规范

（3）加氢站储氢相关标准。

GB 50177—2005 氢气站设计规范

GT 50516—2010 加氢站技术规范

GB/T 34584—2017 加氢站安全技术规范

GB/T 34583—2017 加氢站用储氢装置安全技术要求

GB/T 31139—2014 移动式加氢设施安全技术规范

3.5 地热技术

中国石化在地热开发的地下工程领域，建立了中深层地热勘探开发技术体系，包括地热资源勘探与评价、水热型地热资源开发、干热岩开发。

在地热资源勘探与评价方面，建立了沉积盆地内"二元聚热"分析模式，将地质构造分析和地下水文分析有机结合起来，通过水储、热储的联合分析，形成了成熟的水热型地热热储资源评价技术。

在水热型地热资源开发方面，围绕"取热不取水"的环保开发模式，研发并应用了多种创新地热井型及配套的井下工具和施工工艺。一是 U 形连通井构建技术。可构建水平段 1000m 以上的 U 形井筒，注采的清水不接触地层，避免高矿化度采出地面带来的一系列环保风险。并研发了配套的强磁定向对接技术以及对接井底密封技术，能够实现 3000m 以上垂深、1000m 以上水平段条件下的井底精准对接，并且对接井底能够长期稳定密封；二是分层注采地热井技术。在准确的地下水文分析与模拟的基础上，从同一个井口向较浅地层回注尾水，并从较深地层抽水，实现单井高效取热。并研发了配套的防砂型分层注采封隔器，能够有效控制水流从较浅地层流向较深地层，从远离井筒的庞大体积的地层中吸热，在实现高效换热的同时，延缓井口出水温度降低，实现长期大功率取热。三是强制扰流取热技术。利用井下的扰流泵，强制使地层水产生对流，将远离井筒的热量带到井筒中，并在井筒中利用高效换热器进行高效换热。由此可以实现低钻井成本下的高效取热，同时通过地层水扰流，扩大取热体积，延缓井口出水温度的下降。

在干热岩开发方面，中国石化具有领先的干热岩热储改造技术。可在200℃以上的干热岩储层中实现体积压裂。与之配套的干热岩体积压裂工艺、耐高温压裂液体系、干热岩支撑剂，已成功应用于多口干热岩井。

此外，中国石化拥有先进的地热井保温技术，能够生产多种地热井隔热材料，包括隔热油管、隔热套管、泡沫水泥。这些隔热材料已经应用多年，结合适当的井型设计，能够对地热井的采出水起到良好的隔热保温作用，同等条件下可使井口采水水温提升 5～15℃，大幅度提升地热井的取热功率。

3.6　储能技术

中国石化油田企业为配合自身的光伏、风电建设，需要配套建设大规模储能设施。目前虽少量建设了电化学储能设施，但是大规模建设电化学储能设施将因锂资源等限制而难以实现。因此，除跟踪液流电池、钠离子电池等新型电化学储能技术的发展外，也需要积极探索大规模物理储能技术。现有的大规模物理储能技术，需要依赖特定的地理条件。例如抽水蓄能技术依赖于高位水库，盐穴压缩空气储能技术依赖于厚层盐矿。油田企业不具备这些地理条件，因而仍需要寻找和研发适用的物理储能技术。中国石化开展了一系列物理储能技术的研究与试验应用。

（1）咸水层压缩空气储能技术（研发中）。

已对咸水层压缩空气储能技术开展了较为深入的研究，筛选了验证项目区块，准备进行 1MW 规模的工业化试验。

咸水层压缩空气储能技术是一项综合了物探、地质、开发、井筒工程、地面工程各专业的综合性技术。它通过选择圈闭良好的中高渗透率的孔隙性地层，先加压注气排出地层孔隙中的水，获得一定体积的地下孔隙储气容积，再利用储气容积开展压缩空气储能。胜利油田已筛选出了圈闭良好的中高渗地层，正在开展 1MW 咸水层压缩空气储能验证项目。目前处于注气排水工程设计阶段。项目一旦试验成功，将为油田企业发挥地质资产优势，大规模开展咸水层压缩空气储能提供良好的示范，并有望为地方省市建设的光伏发电、海上风电项目提供配套的储能设施。

（2）天然气储气库技术（已成熟）。

天然气储气库技术，虽然不涉及能量的转化，但是对于天然气用户侧调峰稳价有重要作用。中国石化已经建设了多座盐穴型储气库和气藏型储气库，发展出了全流程的储气库系列技术，覆盖天然气储气库的选址、库容评估与设计、老井井筒完整性评估与改造、大口径注采井建井、储气库压力监测与调度、储气库自动控制技术。能够利用枯竭气藏、盐穴建设天然气储气库。

（3）盐穴储气技术（接近成熟）。

盐矿开采后形成的盐穴腔体，可作为极佳的高压气体存储空间，用于压缩空气储能、天然气储气库、储氢、储氦，也可作为地下储油库。中国石化具有先进的地下盐穴储气工程成套技术，包括盐穴测腔技术、盐穴快速溶腔技术、盐穴老腔改造技术、盐穴排卤扩容技术、大口径气体注采井建井技术等成套技术，可以支撑各类盐穴地下工程应用。其中，大口径气体注采井技术，能够建立 $\Phi339.7mm$ 以上口径的气体注采通道，使用较少的井数实现较大的气体注采量。同时井筒具有防腐蚀、长效密封的优点。建井技术中使用了大口径耐腐蚀封隔器、弹韧性固井水泥等中国石化专有技术。

（4）大规模物理储能技术（研发中）。

研发与论证中的大规模物理储能技术，包括跨临界二氧化碳储能、重力储能、深井超临界二氧化碳储能。

跨临界二氧化碳储能，是在地面利用绿电或低价时段网电，将二氧化碳压缩液化，同时存储压缩热。在需要用电时利用压缩热和环境热源加热液态二氧化碳，使其气化膨胀做功发电。

重力储能，是利用绿电或低价时段网电，使用塔吊将混凝土块、废钢铁等重物起吊到高位，并码放整齐。在需要用电时将重物吊放到低位，同时吊缆带动发电机发电。

深井超临界二氧化碳储能，是利用绿电或低价时段网电，将二氧化碳压缩液化，注入地温梯度较高的井下，二氧化碳在井下被加热升温，压力升高，成为超临界态。在需要用电时释放井内的超临界二氧化碳，驱动超临界二氧化碳发电机发电。

3.7 热泵技术

中国石化下属企业有丰富的热泵研发与应用经验，能够设计生产型号齐全的空气源热泵、水源热泵、地源热泵。

空气源热泵，包括无级变频超低温空气源热泵、超低温螺杆式空气源热泵、太阳能空气源热泵等规格型号，可在-30℃条件下有效制热，在-5~55℃条件下高效制冷。

水源热泵，包括高污水源热泵、海水热泵等专用型号。采用双螺杆压缩机、高效耐腐蚀换热器等专用组件，可适用于高矿化度油田采出水、海水、生活污水等各种恶劣水源，提供各种规模的制冷、制热服务。

地源热泵，包括降膜式地源热泵、涡旋式地源热泵、螺杆式地源热泵等型号。适用于干燥地层、富水地层、表层土壤等不同环境。夏季通过向地层放热，实现制冷；冬季通过从地层取热，实现制热。

二氧化碳热泵（研发中），二氧化碳工质（冷媒代号 R744）与 R134a、R407c、R410A 和 R32 等传统工质相比，具有更高的能效。二氧化碳工质本身较为廉价，大规模应用后将具有成本优势。目前已在西北油田成功开展试应用，在-20℃以下的严寒环境下，制热效果显著优于传统工质热泵。

4 中国石化减碳及可再生能源技术在中东地区应用展望

中国石化凭借几十年在油气勘探和开发方面积累的先进技术和经验，投入大量的人力、物力、财力积极攻关减碳和可再生能源技术。经过多年的研发，形成一批专有技术和众多技术工程一体化解决方案，可解决中东国家在减碳和可再生能源方面的技术难题，提供综合解决方案，应用前景广阔。

4.1 中国石化减碳及可再生能源技术在中东应用分析

4.1.1 CCUS 技术

气候治理的重点主要是实现碳中和，这已成为当前世界大多数国家的共同目标。身处全球能源供应中枢、坐拥独特资源禀赋的沙特、阿联酋、卡塔尔、阿曼、科威特、巴林等国家结合自身国情制定了相应的碳减排目标与措施，但这些国家现阶段仍然大量开采使用石油和天然气，它们仍有减碳的巨大压力。另外，中东地区虽然大力发展绿氢技术，但由于目前加装 CCUS 技术的灰氢和蓝氢制氢成本具有优势，因而制氢还需加装 CCUS 技术。故它们急需先进、成熟的 CCUS 技术帮助其实现碳中和目标。

中国石化经过多年的技术攻关，在二氧化碳捕集、压缩、脱水、提纯、输送、提高原油采收率利用以及地下封存产业链等方面形成了一系列专项技术，而且成功实施了全球著名的、中国最大规模的齐鲁石化—胜利油田 CCUS 示范工程项目。

中国石化可为中东地区提供 CCUS 全过程实施技术服务，特别是还可提供二氧化碳微气泡注入服务及效果评价服务，并提供二氧化碳微气泡注入设备及配套井下工具，见表4.1。

4.1.2 氢能技术

氢能清洁高效、来源广泛，被视为现有化石能源、可再生能源系统的新型优化补充方式，是构建未来可持续发展能源体系的重要载体。面对全球可再生能源"蓝海"，中东国家尤其是海湾阿拉伯国家加紧布局氢能发展战略，地区氢能开发应用技术需求旺盛，产业市场前景广阔。

中国石化早就布局包括制氢、储氢、运氢、加氢、用氢等全产业链的发展，致力于打造中国第一氢能公司。除发展全产业链技术外，中国石化还创新开发了站用大口径储氢井技术、加氢站技术、固态储氢技术以及管道输氢技术，现在已成为中国氢能应用现代产业链"链长"。

中国石化可为中东国家提供如下(表4.1)技术和服务。

表 4.1 中国石化减碳及可再生能源技术在中东地区应用潜力

序号	技术领域	技术名称	载体形式	中东地区应用场景分析
1	CCUS	CCUS 技术	技术服务：CCUS 全过程技术服务	CCUS 项目全过程实施
2		二氧化碳微气泡注入技术	技术服务：二氧化碳微气泡注入服务及效果评价 成套设备：二氧化碳微气泡注入设备及配套井下工具	开展二氧化碳三次采油，在提高采收率的同时，承接其他国家二氧化碳封存指标
3	氢能	站用大口径储氢井技术	技术服务：大口径储氢井建井服务 管具与设备：大口径储氢专用套管、储氢井井口	如需建设加氢站，可提供建井服务或供应储氢管具与设备
4		加氢站技术	EPC：承建加氢站	EPC 方式整体承建加氢站，与氢能汽车厂家联合，推广应用中国标准
5		固态储氢技术	设备：固态储氢瓶	氢能汽车/船舶的储氢
6		输氢管道技术	EPC：承建输氢管道	如果建设太阳能发电+电解海水制氢+炼化厂加氢的产业链，需建设输氢管道

序号	技术领域	技术名称	载体形式	中东地区应用场景分析
7	地热	U形连通井	EPC：地热系统建设 技术服务：地热井钻完井 井下工具：井下扰流泵、 井下高效换热器 管具与材料：隔热油管、 隔热套管、泡沫水泥	如存在高地温梯度区域，可建设地热系统替代生产用能
8		分层注采地热井		
9		强制扰流取热井		
10		地热井保温技术		
11	储能	盐穴压缩 空气储能	EPC：储能系统建设	如存在陆上厚层盐矿，或圈闭良好的高渗地层，可建设压缩空气储能系统，为光伏发电配储，提高光伏发电利用比例
12		咸水层压缩 空气储能		
13		二氧化碳储能		没有适用的地下空间的情况下，可建设地面二氧化碳储能系统，为陆地光伏配储；或建设海上二氧化碳储能系统，为海上风电配储
14	热泵	海水源热泵	EPC：大规模制冷系统 设备：海水源热泵	LNG厂制冷、冷库、室内冰雪娱乐设施
15		地源热泵	EPC：民用冷暖系统建设	小规模民用制冷+采暖

（1）氢能全产业链技术。

（2）站用大口径储氢井技术：包括大口径储氢井建井设计和建井服务，还提供大口径储氢专用套管和储氢井井口设备。

（3）加氢站技术：提供EPC服务，承建加氢站。

（4）固态储氢技术：提供氢能汽车/船舶的固态储氢瓶设备。

（5）管道输氢技术：提供EPC服务，承建输氢管道，如太阳能发电+电解海水制氢+炼化厂加氢产业链上输氢管道建设。

4.1.3 地热能技术

目前全球能源以化石能源为主，资源不可再生，而且会产生温室气体以及其他污染，开发可再生能源是可持续发展的必经之路。地热能是一种清洁的可再生能源，相比于其他可再生能源，地热能具有持续、稳定、不间断的特点，在未来可形成地热供暖、地热发电、地热农业等地热支柱产业。地热开发为中东国家及中东油气公司提供绿色转型机遇。由于缺少地热开发方面配套专有技术，中东国家地热资源开发建设进度缓慢。如果中国石化进入中东地热市场，利用其专有技术手段开发中东地热能资源，必将获得较大市场机会。

地热勘探开发与油气勘探开发在原理、研究对象、工程、施工队伍等方面十分相似。中国石化凭借几十年在油气勘探和钻井方面积累的先进技术和经验，积极参与地热能技术研发，已开发出包括下列在内的多项先进地热开发专有优势技术：

（1）U形连通井钻完井技术。

（2）分层注采地热井钻完井技术。

（3）强制扰流取热井钻完井技术。

（4）地热井保温技术。

可为中东国家提供地热开发相关技术和服务，包括

EPC：地热系统建设。

地热井钻完井技术服务。

提供井下扰流泵、井下高效换热器等井下工具。

提供隔热油管、隔热套管、泡沫水泥等管具与材料。

4.1.4　储能技术

储能技术是发展可再生能源的关键一环。"可再生能源+储能"的模式已是行业大势所趋。中东国家在大力发展可再生能源行业的同时，也大力发展储能技术。目前中东国家大多采用抽水储能、电化学电池储能、热能储存、氢能储存等方式储能。电化学电池储能因锂等稀有材料资源限制而难以实现大规模储能建设；抽水储能因地理资源限制而难以实现普遍推广。

中国石化针对目前全球储能建设的难点，积极探索大规模物理储能技术，取得了一系列技术成果，如盐穴压缩空气储能技术、咸水层压缩空气储能技术、二氧化碳储能技术等。这些技术完全满足中东国家大规模物理储能需求。中国石化可为它们提供如下大规模存储可再生能源解决方案：

（1）若陆上存在厚盐矿层，或圈闭良好的高渗透咸水层，可建设压缩空气储能系统，为可再生能源发电配储。

（2）若没有上述合适的地下空间，可在陆地建设地面二氧化碳储能系

统，为陆地可再生能源发电配储；或在海上建设二氧化碳储能系统，为海上风电配储。

4.1.5 热泵技术

国际上地热泵技术在地热利用技术中已得到大面积推广应用，产业也呈现出高速发展态势。中国石化除有丰富的地源热泵研发与应用经验外，不仅能设计生产型号齐全的空气源热泵、水源热泵，近来还研制了热效果显著优于传统工质的二氧化碳热泵，已在油田成功试用。中国石化目前可为中东国家提供如下技术和服务：

（1）海水源热泵技术：为 LNG 厂制冷、冷库、室内冰雪娱乐设施等方面提供海水源热泵和大规模制冷系统的 EPC 服务。

（2）地源热泵技术：为小规模民用制冷、采暖方面提供冷暖系统建设 EPC 服务。

4.2 中国石化减碳及可再生能源技术在中东应用前景展望

中东地区位于欧洲、非洲、亚洲三大洲核心枢纽，也是"一带一路"建设的重点地区。中东地区各国是中国互补共赢的天然重要合作伙伴，中国既是中东第一大贸易伙伴，又是中东能源领域的重要外国投资者和工程承包市场的重要运营商。中国石化在中东地区油气生产国耕耘几十年，在油气全产业链上合作成果累累。展望未来，中国石化减碳和可再生能源技术在中东各国应用既会遇到巨大挑战，也有千载难逢的好机遇。总的说来，应用前景十分广阔。

4.2.1 挑战

中国石化减碳及可再生能源技术在中东应用可能会遇到如下诸多挑战：

① 中东减碳和可再生能源市场竞争异常激烈。

② 中东减碳和可再生能源方面技术发展迅速，进入此高端市场所要求的技术门限高。

③ 中东减碳和可再生能源市场管理要求严格，办理市场准入认证难。

④ 跨文化商业政策环境认知和把握难。

⑤ 在短时间内根据自身优势制定国际化战略、选定目标行业、确定目标细分市场有一定难度。

⑥ 如何在面对激烈的市场竞争时中国石化减碳及可再生能源技术在中东应用有所突破、有较大收获是面临的最大挑战。

4.2.2　机遇

（1）全球能源结构向绿色低碳方向转型大势。

全球能源结构向绿色低碳的方向转型已成为普遍共识，中东各国也加快了能源转型步伐。在深化与中东地区石油天然气勘探、开采、储运、炼化等领域的全油气产业链合作的同时，中国石化迎来了将合作重点从传统能源更多转向低碳可再生能源领域，互利合作共同培育新的经济增长点，实现经济绿色可持续发展的千载难逢的好机遇。

（2）中东地区各国优惠政策支持。

中东地区各国政府制定了一系列鼓励政策，坚定致力于降低碳排放，开发可再生能源，逐步减少使用化石能源。这给中国石化减碳和可再生能源技术在中东地区应用，寻求新发展带来了新机遇。

（3）中东地区减碳和可再生能源技术需求巨大。

中东地区自己研发的减碳和可再生能源领域技术和产品较少。目前，该地区此领域市场上大多数技术和产品都来自其他国家的供应商。中东地区减碳和可再生能源技术需求巨大，这种现状给中国石化趋于世界领先地位的减碳和可再生能源技术和产品在中东地区应用带来重大利好机会。

（4）进入中东减碳和可再生能源市场的黄金时间窗口期。

中东尤其是沙特市场的自然条件、经济体量和政策支持都是中国石化进入该区域市场减碳和可再生能源行业的机遇。同时，中东地区减碳和可再生能源行业刚开始发展，来自全球各国此领域的技术和产品供应商把握市场快速增长的需求机遇，纷纷抢占这个大市场先机，推销其技术、产品和服务。目前和今后1~2年还是进入该市场的黄金时间窗口期。错失此良机后，再欲进入，难度会剧增。

4.3　中国石化减碳及可再生能源技术在中东发展建议

全球应对气候变化背景下，能源结构向绿色低碳的方向转型已成为普遍共识，中东各国也加快能源转型步伐，尤其是油气生产大国在制定国家发展战略时，都将发展可再生能源作为经济多元化转型、应对气候危机的重要手段。中东高度重视低碳与可再生能源技术发展并给予了政策倾斜，促使最近几年来该地区低碳与可再生能源技术市场迅速发展。中国石化在中东地区油气全产业链上耕耘几十年，已成为中东能源领域的重要外国投资者和工程承包市场的重要运营商。中东研发中心组织专家对减碳及可再生能源技术在中东地区应用前景、机遇与挑战进行了调研，建议集团公司加快推动低碳与可再生能源技术在中东地区的应用发展，成为全球生态文明建设的重要参与者、贡献者、引领者，开展以下工作：一是统筹推进一体化开拓低碳及可再生能源技术市场；二是深入研究中东各国潜在市场规模及核心技术需求；三是组建项目一体化团队开展技术适应性研究；四是优选项目以点带面创新商业模式；五是倡导企业和政府互动领导高层推动。

4.3.1 中东低碳与可再生能源技术市场现状

中东地区积极推进 CCUS 项目开发和运营。中东地区严重依赖碳氢化合物燃烧发电和能源密集型产业的运营，工业部门迫切需要采取碳减排措施。沙特、阿联酋、卡塔尔、阿曼、科威特、巴林等国家结合自身国情制定了相应的碳减排目标与措施，为 CCUS 的成功商业开发提供了重要的财政和环境激励措施，吸引了更多投资和私营部门参与大型 CCUS 项目的开发和运营。可在天然气发电、石油和天然气的强化采收以及其他高级排放—密集型工业过程等三个特定区域应用部署 CCUS 技术，包括天然气制油(GTL)和液化天然气(LNG)、蓝氢的生产。目前三个大型商业 CCS 设施的 CO_2 捕集能力约占全球的 10%，分别为：沙特阿拉伯的 Uthmaniyah CO_2 提高石油采收率(EOR)示范项目、阿布扎比的 Al Reyadah CO2-EOR 项目和卡塔尔的 RasLaffan CCS 项目。

中东地区可再生能源和储能市场快速扩大，可再生能源投资建设项目大量涌现，主要集中在太阳能发电上，市场容量不断扩大，对全球投资商、承包商、供应商产生巨大吸引力。根据中东光伏工业协会(MESIA)统计，目前中东北非地区(MENA)光伏市场的价值约为 200 亿美元。未来五年内，MENA 地区还将有价值 50 亿美元的光伏项目投入运营，另有 150 亿美元的项目将开建。随着可再生能源发电采用率不断提高，电网稳定性需求持续提升，将促使未来几年中东储能市场大幅增长。

中东加大对清洁能源尤其是绿氢的投资，以降低对石油的严重依赖，努力实现经济多元化发展。目前中东北非地区至少有 34 个绿氢和绿氨项目，其中 25 个项目披露了投资预算或产能，估计投资总额超过 920 亿美元。阿曼正以 11 个计划中的项目处于领先，总投资约为 489 亿美元。其中一个是在乌斯塔省的 25GW 绿色氢项目，占该国规划的绿氢和绿氨项目总规模的一半以上。由于中东天然气价格较低，由碳捕获利用和储存技术的碳氢化合物生产的蓝氢，在中短期内将发挥关键作用。

4.3.2　中国石化面临的机遇与挑战

中东地区低碳与可再生能源技术需求缺口巨大，但中东本地自主研发的低碳与可再生能源领域技术和产品较少，市场上大多数技术和产品都来自其他国家的供应商。这给中国石化具有优势的低碳与可再生能源技术和产品带来较大的市场拓展空间。

进入中东低碳与可再生能源市场存在黄金窗口期。中东尤其是沙特的自然条件、经济体量和政策支持都是中国石化进入该区域低碳与可再生能源市场的重要考量。目前，中东地区低碳与可再生能源市场刚开始发展，来自全球各地的供应商正纷纷积极抢占市场先机，推销其技术、产品和服务。可见，今后 1~2 年将是我们进入中东市场的黄金窗口期。

给推广中国制氢储氢标准带来重要机遇。中东地区国家都积极推行氢相关倡议，参考已确立的国际标准、法规或最佳实践制定自己的制氢储氢法规或标准，但目前还没有颁布制氢储氢统一标准。中国石化可借此机会与中东各国合作，尽早推行中国的制氢储氢标准在中东地区采纳和应用或推动标准互认。

进入中东低碳与可再生能源技术市场面临着市场竞争异常激烈、市场管理要求严格、办理市场准入认证难、跨文化商业政策环境认知和把握难等诸多挑战。

4.3.3　中国石化低碳与可再生能源技术应用推广建议

（1）强化组织领导，统筹推进一体化市场开拓。中国石化与中东地区大多数油气公司在传统化石能源领域已经合作几十年，在继续深化油气全产业链合作的基础上，进一步拓展在 CCUS、地热能、氢能、储能等领域合作，共同应对国际能源转型发展的需求。通过规划部署、统筹协调众多管理部门、研究机构和建设单位，上下游一体化推进在中东的业务发展，重点推动核心战略区低碳与可再生能源领域新项目开发。

（2）强化市场评估，深入研究核心技术市场需求。进一步深入研究中东各国低碳与可再生能源政策，针对中东地区不同国家特点和技术能力，加大细分市场需求评估力度，推出更适用、更先进的一体化新技术应用于中东地区。如"可再生能源+储能"的技术模式已是全球包括中东地区可再生能源行业大势所趋，中东国家目前大多采用的电化学电池储能、热能储存技术，必将逐步过渡到大规模储能技术市场，中国石化可提前布局大规模物理储能技术。

（3）强化解决方案，组建一体化项目团队开展技术适应性研究。由健康安全环保管理部牵头统筹国际合作部、油田事业部、科技部和中东研发中心、国际工程公司、石油物探研究院、石油勘探开发研究院、石油工程技术研究院、新星能源有限公司等单位成立"中国石化中东绿色低碳能源项目部"联合开展工作，由中东研发中心在沙特达兰技术谷设立项目办公室并提供联合办公场所，积极调研中东各国低碳与可再生能源开发合作的商业模式、存在的技术难题，形成需求分析报告；及时跟踪中东地区低碳与可再生能源开发进展，收集相关技术资料和技术难题，编制中国石化中东低碳与可再生能源一体化解决方案。同时，一体化统筹加强各联合单位的技术、市场推广和销售、经营管理等方面的国际化综合人才培养，为中国石化大规模进入并拓展中东地区低碳与可再生能源领域市场做好人才准备。

（4）创新商业模式，优选项目以点带面打造示范工程。目前中国在与中东可再生能源合作过程中还是以传统 EPC 模式为主，将来需要创新合作模式，同合作发起方建立联合研发、联合生产的灵活合作模式，也可以承包商、跟投企业、供货商和运维商等多重身份，与中东低碳与可再生能源市场主流商家展开合作，构建高效灵活、交叉互动合作模式。可率先以 CCUS 项目为突破点，应用二氧化碳捕集、压缩、脱水、提纯、输送、提高原油采收率利用以及地质封存产业链上的成熟专项技术，结合在国内 CCUS-EOR 示范工程项目上的组织、实施、运营、管理成功经验，为沙特、阿联酋、卡塔尔、阿曼、科威特、伊朗、伊拉克、巴林等石油和天然气生产国家提供 CCUS 全过程实施一体化技术服务，打造示范工程。

（5）深化技术交流，推动多方位合作。由中东中心配合中国石化中东代表处、国际合作部等组织与沙特阿美开展"低碳与可再生能源开发技术""绿色低碳能源发展"等学术交流，积极推介绿色低碳能源的中国技术和中国经验。利用中东各国仍在探索、研究制定制氢和储氢标准的机会，加强标准方面合作，推广中国标准或推进标准互认。

参 考 文 献

[1] 蔡博峰，李琦，张贤，等．中国二氧化碳捕集利用与封存（CCUS）年度报告（2021）—中国 CCUS 路径研究［R］．生态环境部环境规划院，中国科学院武汉岩土力学研究所，中国 21 世纪议程管理中心，2021．

[2] 王静，龚宇阳，宋维宁，等．CCUS 技术发展现状及应用前景［EB/OL］．中国环境科学研究院．（2021 – 11 – 24）［2023 – 05 – 14］．https://sisd. org. cn/express/express598. html.

[3] CCUS 碳捕捉技术的应用与发展现状［EB/OL］．（2021-08-30）［2023-05-12］. https://chndaqi. com/news/327245. html.

[4] 邢力仁，武正弯，张若玉．CCUS 产业发展现状与前景分析［EB/OL］．（2022 – 01 – 18）［2023-05-12］. https://www. sohu. com/a/517479864_121123791.

[5] Challenges and Opportunities for CCS in the Middle East［EB/OL］．［2023 – 05 – 15］. https://www. nexanteca. com/blog/202204/challenges – and – opportunities – ccs – middle – east.

[6] Carbon capture and storage（CCS）in the Middle East［EB/OL］．（2022 – 10 – 10）［2023 – 05 – 10］. https://www. spglobal. com/commodityinsights/en/ci/research – analysis/carbon – capture – and – storage – ccs – in – the – middle – east. html.

[7] 新能源电力市场开发指引［EB/OL］．（2022 – 06 – 20）［2023 – 05 – 10］. https://www. sinosure. com. cn/ images/khfw/wytb/kfdt/2022/06/20/2015194441D66C4C143F9978BB8F52A59B4CFD7D. pdf.

[8] IRENA. Renewable capacity statistics 2021［R］. International Renewable Energy Agency, Abu Dhabi, 2021.

[9] BNEF. 2020 年下半年各类电源 LCOE 更新［EB/OL］．［2023-05-11］. https://news. bjx. com. cn/html/20201221/1123969. shtml.

[10] Penn. 中东北非绿氢争夺战［EB/OL］．［2023-05-11］. https://zhuanlan. zhihu. com/p/569592552.

[11] 可再生能源创下历史新高，反映了新的全球现实［EB/OL］．（2023-04-05）［2023-06-06］. https://alj. com/zh-hans/perspective.

[12] 杨永明．全球地热能开发现状及发展趋势［EB/OL］．（2021-05-20）［2023-05-17］. http://mm. chinapower. com. cn/zx/hyfx/20210520/74735. html.

[13] IRENA. Data & Statistics［EB/OL］．［2023-05-12］. https://www. irena. org/Statistics.

[14] PatrickAmoatey, Mingjie Chen, Ali Al-Maktoumi, et al. A review of geothermal energy status and potentials in Middle-East countries［J/OL］. Arabian Journal of Geosciences,

2021. 14. ［2023－06－04］. https：//doi. org/10. 1007/s12517－021－06648－9.

［15］ Geothermal Energy and Its Application in the Middle East Report［EB/OL］.（2020－04－17）［2023－06－13］. https：//ivypanda. com/essays/geothermal－energy－and－its－application－in－the－middle－east/.

［16］ IRENA. Global geothermal market and technology assessment［R］. International Renewable Energy Agency，Abu Dhabi，2023.

［17］ 刘伯洵. 2022 年全球共部署 16GW 储能系统同比增长 68%［EB/OL］.（2023－03－30）［2023－05－16］. https：//news. bjx. com. cn/html/20230330/1297960. shtml.

［18］ 存储成功：电池如何颠覆全球能源市场［EB/OL］.（2019－03－13）［2023－06－06］. https：//alj. com/zh－hans/perspective/storing－success－batteries－revolutionizing－global－energy－market/.

［19］ Leveraging energy storage systems in MENA［EB/OL］.（2021－12－01）［2023－05－16］. https：//www. apicorp. org/wp. content/uploads/2021/12/Leveraging_Energy_Storage_in_MENA_EN_ FINAL. pdf.

［20］ 中东新能源市场［EB/OL］.（2021－04－22）［2023－05－04］. https：//www. cspplaza. com/article－20001－1. html.

［21］ 沙特阿拉伯新能源市场的特点、机遇和挑战概述［EB/OL］.（2021－10－18）［2023－05－02］. http：//www. saudi－cocc. net/info/cocc/483. html.

［22］ LYONS M. DURRANT，K. KOCHHA. Reaching zero with renewables：capturing carbon ［R］，International Renewable Energy Agency，Abu Dhabi. IRENA，2021.

［23］ Saudi Aramco to begin work on largest carbon storing facility due 2026［EB/OL］.（2022－08－12）［2023－05－02］. https：//www. arabianbusiness. com/abnews/saudi－aramco－to－begin－work－on－largest－carbon－storing－facility－due－2026.

［24］ 阿联酋、沙特领衔，中东未来十年将新增 50GW 光伏装机［EB/OL］.（2021－07－19）［2023－06－09］. https：//www. energytrend. cn/news/20210719－97289. html.

［25］ 沙特新能源产业［EB/OL］.（2023－03－29）［2023－06－12］. https：//solar. ofweek. com/2023－03/ART－260009－8420－30592189_2. html.

［26］ Power plant profile：Sudair Solar PV park，Saudi Arabia［EB/OL］.（2021－11－16）［2023－05－01］. https：// www. power－technology. com/marketdata / sudair－solar－pv－park－saudi－arabia /.

［27］ 沙特阿拉伯光伏市场［EB/OL］.（2023－03－27）［2023－06－06］. https：// www. kesolar. com/ headline/223780. html.

［28］ 沙特可再生能源领域优势［EB/OL］.（2018－08－22）［2023－06－06］. http：// sa. mofcom. gov. cn/ article/ztdy/201808/20180802778235. shtml.

[29] The future of blue hydrogen in the Middle East[EB/OL]. (2023-04-25)[2023-06-14]. https://www. lexology. com/library/detail. aspx? g = 6de2656e - e00b - 4212 - 81db-3a76b5d68d29.

[30] HAN JIANG, XINZHI XU, ZHE LIU, et al. Energy transition and hydrogen development prospects in Saudi Arabia[J]. Energy Storage Science and Technology, 2022, 11 (7): 2354-2365.

[31] 阿联酋力推可再生能源+储能[EB/OL]. (2022-08-02)[2023-06-07]. http:// news. cnpc. com. cn/. system/2022/08/02/030075680. shtml.

[32] IRENA. World energy transitions outlook 2023: 1.5℃ Pathway[R]. volume 1. International Renewable Energy Agency, Abu Dhabi, 2023.

[33] 阿联酋可再生能源市场政策、机遇与挑战[EB/OL]. (2021-07-07)[2023-06-07]. https:// www. investgo. cn/article/gb/fxbg/202107/550697. html.

[34] UAE announces hydrogen leadership roadmap, reinforcing nation′s commitment to driving economic opportunity through decisive climate action[EB/OL]. (2021-11-04) [2023-04-07]. https://wam. ae / en / details/ 1395302988986.

[35] 王林. 阿联酋全方位布局氢能产业[EB/OL]. (2021-02-01)[2023-04-09]. https://www. h2weilai. com/cms/index/shows/catid/29/id/1065. html.

[36] UAE and Japan to cooperate on fuel ammonia and carbon recycling technologies[EB/OL]. (2021-01-14)[2023-04-06]. https://www. adnoc. ae/news-and-media/press-releases/2021/uae-andjapan-to-cooperate-on-fuel-ammonia-and-carbon-recycling-technologies.

[37] Unlocking Geothermal Energy Use in Saudi Arabia: from geology to techno-economic analysis [EB/OL]. [2023-05-02]. https://ces. kaust. edu. sa/research/detail/geothermal-energy-page.

[38] 卡塔尔首次储能项目由特斯拉电池供应[EB/OL]. (2020-08-17)[2023-05-02]. https://libattery. ofweek. com/2020-08/ART-36001-8130-30453039. html.

[39] IREA. Renewables readiness assessment Sultanate of Oman[R]. International Renewable Energy Agency, Abu Dhabi, 2014.

[40] 低调海湾君主国阿曼迈向新能源发展之路[EB/OL]. (2021-11-25)[2023-05-03]. https://www. h2weilai. com/cms/index/shows/catid/29/id/4214. html.

[41] Oman's PDO leads in production and decarbonisation[EB/OL]. (2023-04-27)[2023-05-02]. https://theenergyyear. com/articles/omans-pdo-leads-in-production-and-decarbonisation/.

[42] Oman Aims to Build a Hydrogen-centric Economy by 2040, with 30GW of Green and

Blue H2［EB/OL］.（2023-04-27）［2023-05-02］. https://www. rechargenews. com/ energy-transition/ omanaims-to-build-a-hydrogen-centric-economy-by-2040-with- 30gw-of-green-and-blue-h2/2-1-1103652.

［43］TARIQ UMAR. Geothermal energy resources in Oman［J/OL］. Proceedings of the ICE - Energy, 2017, 171(1)：1-7［2023-05-11］. https://www. researchgate. net/publica- tion/317798195 _ Geothermal _ energy _ resources _ in _ Oman. DOI：10. 1680/jen- er. 17. 00001.

［44］ZOE CLARKE, MICHELE DELLA VIGNA, GEOGINA FRASER. Carbonomics：the clean hydrogen revolution ［R/OL］.（2022-02-04）［2023-05-11］. https:// www. goldmansachs. com/intellige nce/pages/gs-research/carbonomics-the-clean-hy- drogen-revolution/carbonomics-the-clean-hydro gen-revolution. pdf.

［45］球形太阳能电池拥有更高的功率输出［EB/OL］.［2023-06-15］. http://www.ciee- media.com/xhtml/report/20120239-1. htm.

［46］R. LI, Y. SHI, M. Wu, et al. Photovoltaic panel cooling by atmospheric water sorption- evaporation cycle［J/OL］. Nature Sustainability. http://hdl. handle. net/10754/662817 doi：10. 1038/s41893-020-0535-4.

［47］KAUST team sets world record for tandem solar cell efficiency［EB/OL］.（2023-04-16） ［2023-06-15］. https://www. kaust. edu. sa/en/news/kaust-team-sets-world-record- for-tandem-solar-cell-Efficiency.

［48］杨燕梅, 杜利锋. 氢能标准进展［EB/OL］.（2022-05-20）［2023-06-8］. https:// www. cnis. ac. cn/bydt/202205/t20220520_53206. html.

［49］PDO to diversify into carbon capture-blue hydrogen in Oman［EB/OL］.（2023-05-07） ［2023-05-21］. https://www. zawya. com/en/projects/industry/pdo-to-diversify-into- carbon-capture-blue-hydrogen-in-oman-pazc5ile.

［50］What Is a 'Sand Battery'?［EB/OL］.［2023-06-3］. https://polarnightenergy. fi/ sand-battery.

［51］DAWOOD HJEIJ, YUSUF BICER, MUAMMER KOC. Hydrogen strategy as an energy transition and economic transformation avenue for natural gas exportingcountriess：Qatar as a case study ［J/OL］. International Journal of Hydrogen Energy, 2020, 47(8)： 4977-5009［2023-05-12］. https://www. researchgate. net/publication/357005913_Hy- drogen_strategy_as_an_energy_ transition_and_economic_transformation_avenue_for_ natural_ gas _ exporting _ countries _ Qatar _ as _ a _ case _ study. DOI：10. 1016/ j. ijhydene. 2021. 11. 151.

［52］Accelerating the Demand for and International Trade in Low-Carbon Hydrogen［EB/OL］.

（2023－03－21）［2023－05－02］. https：//www. kapsarc. org/research/publications/ac-
celerating－the－demand－for－and－international－trade－in－low－carbon－hydrogen/.

［53］绿色可持续氢能的生产和出口要求－国际认证框架［EB/OL］.（2021－04－01）
　　　［2023－05－21］. https：//www. energypartnership. cn/fileadmin/user＿upload/china/
　　　media_elements/publications/ 2022/H2－certification_CN_Web. pdf.

［54］The H2 Handbook for MIDDLE EAST：Legal， Regulatory， Policy， and Commercial Is-
　　　sues Impacting the Future of Hydrogen［EB/OL］.（2022－01－20）［2023－05－03］. ht-
　　　tps：//www. klgates. com/hydrogen－rising.

［55］IREAN. Battery storage forrenewanels：market status and technology outlook［R］. Inter-
　　　national Renewable Energy Agency， Abu Dhabi， 2015.

［56］IREAN and RMI. Creating a global hydrogen market：certification to enable trade［R］.
　　　International Renewable Energy Agency， Abu Dhabi， and RMI， Colorado， 2023.

［57］IREAN. Global Geothermal Market and Technology Assessment［R］. International Renew-
　　　able Energy Agency， Abu Dhabi， 2023.

［58］IRENA. Global hydrogen trade to meet the 1. 5℃ climate goal， Part III， greenhydrogen
　　　cost and potential［R］， International Renewable Energy Agency， Abu Dhabi， 2022.

［59］IRENA. IRENA Coalition for action（2022）， decarbonising end－use sectors：green hy-
　　　drogen certification［R］， International Renewable Energy Agency， Abu Dhabi， 2022.

［60］IRENA. Renewable solutions in end－uses：heat pump costs and markets［R］. Interna-
　　　tional Renewable Energy Agency， Abu Dhabi， 2022.

［61］IRENA. Innovation outlook：thermal energy storage［R］. International Renewable Energy
　　　Agency， Abu Dhabi， 2020.

［62］IRENA. Energy profile of Qatar［R］. International Renewable Energy Agency， Abu Dha-
　　　bi， 2021.

［63］FADWA ELJAK， MONZURE－KHODA KAZI. Prospects and challenges of green hydrogen
　　　economy via multi－sector global symbiosis in Qatar［EB/OL］.［2023－05－13］. https：//
　　　www. researchgate. net/publication/348654941_Prospects_and_Challenges_of_Green_
　　　Hydrogen_Economy_via_Multi－Sector_Global_Symbiosis_in_Qatar. doi：10. 3389/fr-
　　　sus. 2020. 612762.